AF532092

# Elefanten

*Ein Portrait*
*von*
Rüdiger Schaper

NATURKUNDEN

NATURKUNDEN № 66

herausgegeben von Judith Schalansky
bei Matthes & Seitz Berlin

# *Inhalt*



**Portraits**

## *Die Elefantenvolkszählung*

Beim Elefanten kennt die Fantasie keine Grenzen. Seit es Menschen gibt, haben sie das Tier erniedrigt, ausgeschlachtet und erhöht. Die Menschheit hat die Elefanten zum Sklaven und zum König gemacht. Der Elefant ist alles gleichzeitig, Fleisch für die Hungrigen und Gottheit, Kriegswerkzeug und Arbeiter und Jagdtrophäe, Monster und Maskottchen, Symbol von Macht und Wohlstand, Traumbild der Freiheit, Rohstoffquelle, treuer Gefährte, Entertainer. Und wie in der Liebe, wenn sie denn halten soll, finden sich die Unterschiede in den Gemeinsamkeiten. Mensch und Elefant stammen aus Afrika. Dort beginnt die große Wanderung. Elefanten leben wie wir in Familienverbänden. Sie begrüßen einander, zeigen Rührung und Trauer und führen bei einem Wiedersehen Freudentänze auf. Das Erstaunlichste aber ist ihr Verhältnis zum Tod. Elefanten halten Wache neben ihren Verstorbenen, und es wurde oft beobachtet, wie sie die Kadaver mit Zweigen und Erde bedecken, wie sie mit dem Rüssel Löcher graben und bei gebleichten Schädeln und Knochen verweilen, die sie offenbar zu identifizieren fähig sind. Kein anderes Landtier verhält sich so. Bei Walen und Delfinen werden ähnliche Verhaltensweisen registriert, die man nur als sichtbare Trauer um einen Artgenossen, häufig um ein totes Kalb, interpretieren kann.

»Wussten Sie übrigens, dass es Links- und Rechtsrüssler gibt? Manche Elefanten schlingen den Rüssel, wenn sie nach einem

Objekt greifen, immer linksherum, andere in der Gegenrichtung. Die Tiere haben da ganz klare Vorlieben. Etwa jeder zweite Elefant ist Linksrüssler.« Der Verhaltensforscher Fred Kurt ist davon überzeugt, dass Elefanten eine ausgeprägte, fast humanoide Individualität besitzen. Elefant und Mensch leiden und sterben an ähnlichen Krankheiten. Allein, der Elefant hat so gut wie nie Krebs. Seine Zellen verfügen über erfolgreiche Abwehrmechanismen, was Forscher von der State University von Arizona im Hinblick auf die Humanmedizin sehr interessiert. Mensch und Elefant haben eine vergleichbar lange Lebenserwartung, um die siebzig Jahre, das tatsächliche Alter hängt bei beiden Spezies von der Umwelt, dem sozialen Status und ihren Feinden ab. Der ärgste Feind des Menschen, *homo homini lupus*, ist der Mensch und ist zugleich der ärgste Feind des Elefanten.

Nach Lage der Dinge werden wir den Elefanten überleben, wir arbeiten mit Hochdruck daran, ihn aus der Wildbahn verschwinden zu lassen. Freie Natur, wo gibt es sie noch uneingeschränkt? Der Elefant wird den Menschen nicht überleben. Ratten, Kakerlaken, Vögel und Mikroben hingegen schon. Menschen töten Elefanten, der Elefant hat keinen anderen ernst zu nehmenden natürlichen Feind, und auch die Elefanten töten mitunter Menschen. Aus Indien werden immer häufiger tödliche Unfälle mit Elefanten gemeldet. Die Menschen machen ihnen ihr Habitat streitig, dehnen ihre Siedlungen dorthin aus, wo früher Elefantenland und Wildnis war. Zwischen 1987 und 2010 starben in Indien 150 Elefanten bei Zusammenstößen mit der Eisenbahn. Die Tiere brechen aus dem Wald hervor und stehen plötzlich auf den Gleisen; und das setzt sich Jahr für Jahr fort, Tendenz steigend. Allein im nordöstlichen Bundes-

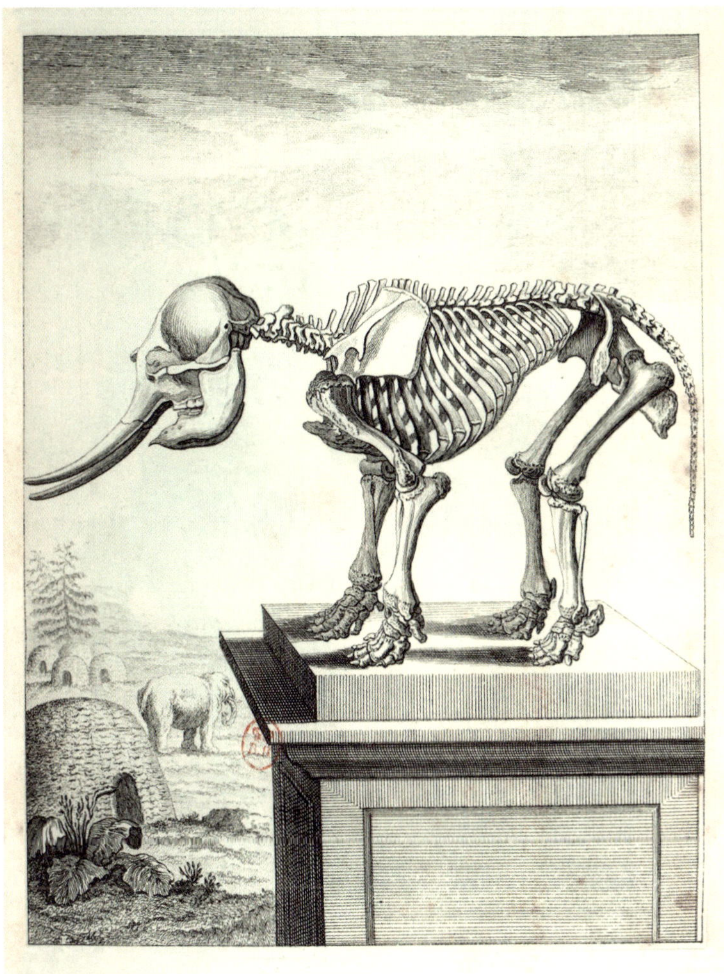

*Ausgebeutet und in den Himmel gehoben: Elefantenskelett aus Georges-Louis Leclerc Buffons* L'Histoire Naturelle, *1764.*

*Imperiale Träume vor Napoleons Fall: Projekt für einen monumentalen Brunnen auf der Place de la Bastille in Paris, um 1814.*

staat Odisha – der halb so groß ist wie Italien – kamen zwischen 2010 und 2016 im ›human-animal conflict‹ 454 Menschen und 388 Elefanten um. Die Ursachen waren Wilderei, Unfälle und Angriffe auf Elefanten, die zum Beispiel mit Stromschlägen gezielt getötet wurden. Zur dieser Statistik gehören 164 Rinder, die von Elefanten getötet wurden, und 4400 Häuser, die sie niedertrampelten, und 28 000 Hektar zerstörtes Farmland.

Um auf angenehmere Gedanken zu kommen, habe ich beschlossen, in meiner Wohnung eine Elefantenvolkszählung vorzunehmen. Hier droht den Rüsselträgern keine Gefahr, hier sind sie absolut sicher. Dabei geht es mir wie Gulliver, als er auf der Insel Liliput landet und bemerkt, dass sich die Größenverhältnisse verkehrt haben, denn die

> *Felder wechselten mit winzigen Streifen Waldes, keiner davon länger als eine halbe Stange, wo die höchsten Bäume meiner Schätzung nach ungefähr sieben Fuß in die Höhe ragen mochten.*

Jetzt bin ich der graue Riese, und die Elefanten wirken wie Spielzeug, was sie unter diesen Umständen ja sind. Der Held in Jonathan Swifts Roman hält den Kaiser von Liliput in der Hand und versucht mit ihm ein Gespräch zu beginnen, »obwohl weder er noch ich auch nur eine Silbe verstehen konnten.« Gullivers Erfinder Swift hat gesagt: »Elefanten werden immer kleiner dargestellt als ihre tatsächliche Größe, bei Fliegen ist es umgekehrt.« Im ersten Moment würde ich sagen, er irrt.

Ich lasse bei der Zählung nur Elefantenobjekte gelten, die es in meiner Wohnung schon gab, bevor ich mit der Arbeit am Elefantenbuch begonnen habe. Denn danach kamen noch viele dazu, weil Freunde und Verwandte nun endlich wussten, was sie mir schenken sollen: Elefanten. Elefantenbücher, Elefantenpostkarten, Schlüsselanhänger, einen Elefantenschal und eine afrikanische Elefantenpatenschaft des World Wide Fund for Nature. Und dann gibt es nur noch: Elefanten. Es ist erstaunlich, wo überall sie sind. Und ebenso, an wie wenigen Orten sie *nicht* anzutreffen sind. Mich hat eine neue Sucht ergriffen. Ich sehe Elefanten.

Die Zählung beginnt in meinem Portemonnaie, mit einer römischen Silbermünze. Ein Freund (er sammelt Eidechsen) hat sie mir überreicht, ich trage sie als Talisman bei mir. Ein Geschenk zum guten Gelingen des Buchs, also eigentlich nicht aus der Zeit *davor,* aber ich mache eine Ausnahme und zähle das wunderbare Stück doch mit. Die Münze hat einen Durchmesser von zwei Zentimetern. Auf der einen Seite ist der Kopf eines Kriegers mit Helm eingeprägt und das Wort ROMA. Auf der anderen Seite stehen zwei Elefanten in einem Palmenhain und der Name METELLUS. Die Meteller waren ein mächtiger Clan in der Römischen Republik. Der Konsul Lucius Caecilius Metellus besiegte auf Sizilien die Karthager und führte 250 v. Chr. die erbeuteten afrikanischen Kriegselefanten im Triumphzug durch Rom. Der Elefant wurde zum Symboltier der Plebejerfamilie wie bei der Republikanischen Partei in den USA; die US-Demokraten schmücken sich traditionell mit einem Esel.

Aber lassen wir die Parade weiter marschieren. Im Badezimmer liegt unter dem Waschbecken ein Krokodil aus schwarzem Holz, gut ein Meter lang. Das ist hier nicht weiter zu beachten. Allerdings soll, wie Rudyard Kipling in seinen *Just So Stories* fabuliert, ein Krokodil dafür verantwortlich sein, dass Elefanten einen Rüssel haben. Ursprünglich hatten sie nur eine lange Nase. Bis eines Tages ein neugieriges Elefantenkind viele Fragen stellte. Es ging den anderen Tieren, der Giraffe, dem Flusspferd, dem Vogel Strauß, auf die Nerven und bezog für seine Wissbegier Prügel. Da traf der kleine Elefant an einem Fluss das Krokodil. Das schnappte nach ihm, erwischte seine Nase und wollte ihn fressen. »Zieh«, rief die Pythonschlange, »zieh so fest du kannst, sonst ist es mit dir aus.« Das neugierige Elefantenkind zog und zog mit all seiner Kraft und rettete sich. Und dabei formte sich aus der langen Nase der Rüssel in seiner wunderbar nützlichen Form. Es lohnt also, sich gegen mächtige Feinde zur Wehr zu setzen, und Fragen zu stellen ohnehin. Der kluge kleine Elefant wurde nie wieder geschlagen. Kipling, ein in Indien geborener Brite, schrieb noch viele Elefantengeschichten mehr und huldigte dem Gesetz des Dschungels, das er auf Menschen übertrug. Er schrieb Dinge, die zu dem übelsten rassistischen Zeug gehören, das einem einfallen kann, nicht zu ertragen, selbst wenn man den kolonialen Grundton des späten 19. und frühen 20. Jahrhunderts in Betracht zieht.

Auf der Ablage unter dem Badezimmerspiegel: Ein Stück Seife, noch verpackt, ›Sabonete Elefante Branco‹ von der Firma Claus, Porto, mit der Duftnote ›Lime Basil‹. Daneben ein schwarzer, schlanker Elefant aus Metall und ein dicker Elefant aus hellem durchbrochenen Stein, mit einem Baby im Bauch. Beide stammen aus Mumbai. Ich erinnere mich: Vom Gateway of India geht die Fahrt mit einem Ausflugsboot zur Insel Elephanta mit ihren gewaltigen Höhlen, doch dort sucht man vergebens nach Rüsseltieren, dort herrscht der Hindugott Shiva mit seinen kolossalen, in den Fels gehauenen Standbildern. Ein schwarzer Holzelefantenhocker für Zeitungen und Zeitschriften steht im Schlafzimmer, dazu kommt ein blauer Elefant aus Keramik, so groß wie ein nicht ganz kleiner Hund und eigentlich für Topfblumen gedacht. In der Schmuckschublade finden sich ein Ring mit Elefantenkopf und ein silbernes Armband mit eingefasstem Elefantenhaar, ich habe es meiner Frau aus Namibia mitgebracht.

Das Bett ist ein Problem: Wie viele zählen die Elefanten auf der Tagesdecke, sechs Reihen à sechs Elefanten? Auch beim Tele-

*Ein wenig zu groß fürs Fensterbrett:* Der Azatische olifant (Elephas maximus) *von Anselmus Boëtius de Boodt, 1596.*

fonschränkchen im Wohnzimmer mit vier geschnitzten Elefanten weiß ich nicht – wird pauschal oder einzeln gezählt? Hier gibt es noch einen Porzellanelefanten mit Sänfte und Reiter aus einer sächsischen Manufaktur, der einmal Teil einer Lampe war. Ich habe dieses Exemplar vor ein paar Jahren in einem Leipziger Antiquitätengeschäft gekauft, weil es mich so ansah im Schaufenster und weil ich etwas Angenehmes an dem Tag erlebt hatte, das ich in dieser Form nach Hause mitnehmen wollte. Braucht das Sammeln eine Rechtfertigung?

Gehen wir um die Ecke. Der Flur meiner Wohnung gleicht einer Galerie, Bilder und Objekte aus aller Welt, Masken, Glaskunst. Hier gibt es nur ein zählbares Exemplar, allerdings auch hier in viel-, in elffacher Ausführung: Auf einem Thangka, einem religiösen Rollbild aus Tibet, bewegen sich Elefanten von unten nach oben. Sie folgen einem kurvenreichen Weg, an dessen Rand allerlei Ablenkungen warten, es ist der Pfad der Erleuchtung. Der Elefant startet als ganz und gar graues Tier, hellt sich auf halber Strecke auf, da ist er schon halb weiß, um als weißer Elefant den Gipfel zu erklimmen. Wenn er ihn denn erreicht – Thangkas dienen der Meditation und stellen keine Garantie dar, dass die Seele ihr Heil findet. Da geht es den Elefanten wieder einmal wie den Menschen.

Auch wenn Haruki Murakami es in seiner Erzählung *Der Elefant verschwindet* als so trickreich beschreibt – Elefanten verschwinden nicht sang- und klanglos. Nicht aus dem Zoo, wie in dieser japanischen Geschichte. Sie verschwinden nicht aus den Wohnungen und nicht aus dem Gedächtnis. Daher rührt wahrscheinlich das englische Sprichwort: »Let's not talk about the elephant in the room«. Es wäre möglich, eine Lebensgeschichte anhand von Elefantenobjekten zu erzählen, die sich auf die eine oder andere Weise angefunden haben, als Geschenk, Souvenir, nützlicher Einkauf, als zufällige Errungenschaft wie die rote Streichholzschachtel mit dem gelben Elefanten aus einem Dorfladen in Thailand. Aber in Thailand sind Elefantenabbilder überall, von Zufall kann man nicht wirklich sprechen. Nicht, wenn es um Elefanten im Alltag geht. Hat man einmal damit begonnen, auf sie zu achten, dann zeigen sie sich in jeder Größe und Form, sie werden zu ständigen Begleitern.

Jetzt in die Küche. Zum Gin. Die Flaschen stehen in einem Schrank, im oberen Regal, als müssten sie noch immer für die Kinder unerreichbar sein. Die folgenden Sorten sind aber mehr oder weniger ausgetrunken: ›Opihr. London Dry Gin. Oriental Spiced‹, eine dickbauchige Flasche mit prächtig geschmückten roten Elefanten auf dem Label. Und der ›Elephant Gin. Hand Crafted London Dry Gin‹, die Flaschen haben etwas Medizinhaftes. Rechts oben auf dem Etikett umschlingt ein afrikanischer Elefant mit mächtigen Stoßzähnen eine Pulle mit dem Rüssel. Eine Flasche ›Elephant Gin‹ ist recht teuer, dafür sollen, wie auf der Rückseite steht, fünfzehn Prozent dieses Gin-Umsatzes in Stiftungen fließen, die den illegalen Elfenbeinhandel bekämpfen. Die Flaschen sind nummeriert, und jede trägt den Namen eines Elefanten in Afrika, der den Schnapsbrennern bekannt ist. Ich habe einen ›Buster‹ und einen ›Aristotle‹ ausgetrunken und kann mich von dem schönen Leergut nicht trennen.

Da ist noch einer, ein weißer Elefant im roten Kreis, Wahrzeichen von Mampe Berlin. Ein Hamburger Ableger der Spirituosenfirma hat es einmal mit einem Pudel als Logo versucht, aber das brachte nichts. Elefanten sind auch in der Werbung beständig. Und sie haben auf freier Wildbahn, die eben so frei nicht mehr ist, wie sie es im früheren Elefantenleben einmal war, zum Alkohol ein zwiespältiges Verhältnis, was sie nur noch menschenähnlicher macht. Elefanten können sich besaufen, und sie suchen dann den Rausch, werden abhängig und dringen in Dörfer und Krankenhäuser ein. Der britische Autor Tarquin Hall erzählt in seinem Buch *Wo die Elefanten sterben* von der Jagd auf einen Bullen in Nordindien, der mit einem gewissen System Menschen nachstellt und sie tötet – zumeist Männer, die nach Alkohol riechen. Sein früherer Pfleger, vor dem er ausgerissen ist, war ein Säufer, er misshandelte das Tier und ließ es hungern. Bei der Flucht verletzte sich der Bulle am

Bein und lief bis zu seinem Abschuss mit einer schwärenden Wunde durch den Dschungel. Der Jäger, den Tarquin Hall begleiten darf, ist untröstlich, als er das Notwendige hinter sich gebracht hat, er fürchtet die Rache der Landbevölkerung, die den Elefanten verehrt.

Was es bedeutet, die Büchse auf ein solches Tier anzulegen, steht in erschütternden Worten bei George Orwell. Seine Erzählung *Einen Elefanten erschießen* geht auf seine Erlebnisse als britischer Kolonialoffizier in den 1920er-Jahren in Burma zurück, einem klassischen Elefantenland. Der weiße Mann in dieser Erzählung steht zwischen den Fronten. Er zittert vor der aufgebrachten Menge, und er hat einen aggressiven Elefanten vor sich, der kurz zuvor einen Mann zerschmettert und zertrampelt hat. Der Beamte drückt ab:

> *Fast in der gleichen Sekunde oder doch so kurz danach, dass man sich kaum vorstellen konnte, dass die Kugel bereits ihr Ziel erreicht hatte, ging eine schreckliche, geradezu unheimliche Veränderung mit dem Elefanten vor. Er fiel nicht, er schwankte nicht einmal, aber mit dem ganzen riesigen Leib war eine Verwandlung vor sich gegangen, er sah plötzlich verfallen aus, in sich zusammengesunken, uralt.*

Letzte Zählstation: das Arbeitszimmer. Hier herrscht die höchste Elefantendichte. Als Erstes hatte ich mir, als der Plan für ein Buch über Elefanten entstand, elefantöse Buchstützen gekauft. Zwei geschnitzte Elefanten drücken mit dem Schädel gegen die Buchdeckel, halten die inzwischen gar nicht mehr so kleine Elefantenpräsenzbibliothek zusammen. Sie wirken jetzt schon überfordert, können die Last der Bände kaum balancieren. Willkommen im Schreibtischgebiet! Hier versteckt sich ein winziger Elefant aus indischem Elfenbein, den ich in meiner Kindheit bei Nachbarn aus einer großen Herde stahl; ein vielleicht zehn Zentimeter hoher, gedrungener Holzelefant aus Senegal, ein Geschenk meiner Tochter; ein kleiner weißer Alabaster-Elefant aus Ägypten; ein kleiner *Marmorfant,* ein Geschenk meines Sohnes; und ein freundlich dreinblickender Teak-Elefant aus Thailand. Bücher zählen bei meiner Bestandserhebung nicht, sonst wird es unübersichtlich. Auf die Bücher, Herdenwesen wie die Elefanten, komme ich sowieso wieder zurück. Beinahe hätte ich Ganesha vergessen, das Standbild des indischen Elefantengottes aus versilbertem Messing, gut zwanzig Zentimeter hoch und recht schwer, aus Pune; er hat seinen Ehrenplatz auf der Fensterbank gefunden, der Gott, der die Hindernisse aus dem Weg räumt. Gekauft wurde der Ganesha vor zwanzig Jahren in der Nähe des Osho International Meditation Resort. Ich habe den Ashram, das Zentrum der spirituellen Sexindustrie, damals nicht besucht. Sie verlangten einen fetten Eintrittspreis und einen AIDS-Test, der für abermals viel Geld an Ort und Stelle erledigt werden konnte.

Ich will meinen Lieblingselefanten begrüßen: einen Freund aus rötlichem Holz, mit massigem, etwas zu lang gestrecktem Körper, ungefähr fünfzehn Zentimeter lang. Er kam zu mir in Syrakus, auf Sizilien, als wir am Hafen in der gleißenden Sonne saßen und immer mehr Wein bestellten zu dem guten Mittagessen. Ein afrikanischer Straßenhändler trat an unseren Tisch und packte seine Waren aus. Ich hatte kein Interesse, fragte aber noch, eher um ihn abzuwimmeln, ob er einen Elefanten habe. Yes, er hatte einen, aus Nigeria; wahrscheinlich ›made in

*Er schafft Hindernisse aus dem Weg und steht doch oft in demselben: Ganesha, der indische Gott mit vier Armen. Skulptur nahe der Stadt Blitar im Osten Javas, Fotografie von 1867.*

China‹, dachte ich. Er erzählte von sich. Dass er als Mathematiklehrer gearbeitet habe. Ich zahlte einen anständigen Preis für den Elefanten und vergaß ihn nachher im Restaurant. Es war geschlossen, als ich zwei Stunden später zurückkam, um ihn zu holen. Ich hatte abends üble Laune und schlief schlecht in der Nacht. Über der Reise lag ein Schatten. Am nächsten Tag aber ging es mir besser: Der Elefant wartete hinter dem Tresen. Den Händler sahen wir noch oft in der Altstadt von Ortigia und später in Taormina. Er hatte seine festen Touren.

Der Weg des Holzelefanten und der des nigerianischen Lehrers gleichen sich. Die billige Ware und die billige Arbeitskraft, die niemand haben will, ziehen nach Norden, übers Mittelmeer. Wer aus wirtschaftlichen Gründen seine Heimat verlässt, flieht aus der Not, auch Armut ist politische Verfolgung, Hunger gleicht der Folter. Der Mensch im 21. Jahrhundert wird aus den Trockengebieten weggehen und nach Wasser suchen; schon jetzt ist die Rede von Wasserkriegen, die mit der Erderwärmung zusammenhängen. Diese Menschen, die den Elefanten gleich umherziehen, um Wasser und Nahrung zu finden, stoßen an Grenzen, die sie gar nicht oder nur unter Einsatz ihres Lebens überwinden können.

Elefantengeschichte ist Menschheitsgeschichte. Ihr Leben hängt an unserem, und manchmal ist es auch umgekehrt. Elefantengeschichten sind Menschengeschichten. Schon weil wir und nicht die Elefanten sie erzählen. Wir verstehen nicht, was sie sich in ihrer Sprache oder ihren Sprachen mitteilen, wir wissen nur, dass es eine ständige und komplexe Elefantenverständigung über Infraschallwellen gibt, weit unterhalb der menschlichen Hörschwelle, bei 16 bis 20 Hertz. Katy Payne, eine auf Elefanten und Wale spezialisierte Biologin, hat dafür den wunderbaren Ausdruck ›Silent Thunder‹ geprägt: stiller Donner. Die Elefanten ›sprechen‹ miteinander über mehre-

*Die Macht und die Pracht waren nur geliehen. Zirkusplakat-Lithografie von W. Eigener, 1933.*

re Kilometer Entfernung. Ihr Tröten und Trompeten erklingt vergleichsweise selten, in Erregung und bei Gefahr. Nach der dramatischen Lage der Dinge müssten sie Tag und Nacht ins Horn stoßen, Alarm geben. Denn wir leben auf dem Planeten der Elefanten, sie sind das unübersehbare Sinnbild der irreversiblen Zerstörung der Natur, der Vernichtung der Arten. Exakte Zahlen existieren nicht: In Afrika gibt es vielleicht noch 350 000 Elefanten, in Asien 50 000. Um 1970 lag der Elefantenzensus in Afrika bei einer Million Tiere, dann schlugen die Wilderer wieder fürchterlich zu. Der berühmte Elefantenforscher Iain Douglas-Hamilton schätzt, dass es vor der Ankunft der europäischen Imperialisten in Afrika eine Million Elefanten gegeben hat. Die menschliche Erdbevölkerung kratzt mittlerweile an der Acht-Milliarden-Marke.

In der indischen Mythologie tragen die ›Weltelefanten‹ – wie der Titan Atlas in der griechischen – die Erde auf ihren Schultern. Sie werden das Gewicht vermutlich nicht mehr allzu lange stemmen können, werden unter der Last der Menschen zusammenbrechen.

## *Meine Woche mit Mowa*

Wenn ich nicht einschlafen kann, wenn sich meine Gedanken in der Dunkelheit verlaufen haben, denke ich an Elefanten. Es führt ein Weg zurück in die Tiefe der Nacht, aber er ist gesäumt von falschen Abzweigungen, die aber dennoch wieder auf helle Lichtungen führen, zu endlosen Gedankenketten, an deren Ende ein noch festeres Wachsein steht und ein noch helleres Licht. Ich habe es, nach alter Manier, mit Schafen versucht. Sie erscheinen mir zu klein, zu unruhig, und ich musste gleich wieder über den Sinn und Unsinn von sprichwörtlichen Ritualen reflektieren wie das des ›Schäfchen-Zählens‹. Nachts will das Hirn reflektieren, ein gutes Wort für den ungebetenen produktiven Drang, die innere Unruhe, die immer noch stärker wird, sobald das Licht gelöscht wird. Das Hirn sammelt die Strahlen der vielen Sonnen und Systeme, die mich den Tag über und im Bühnenlicht des Abends umkreisen, denen man sich nähert, die man flieht. Dabei erweisen sich die meisten Verfolger als hartnäckig und lassen sich weder abschütteln noch ausschalten.

Es wäre jedoch zu einfach zu sagen, dass das Zählen von Elefanten eine beruhigende Wirkung hat, weil sie so groß sind. Das Beruhigende liegt in der Art, wie sie mit ihrer Größe umgehen. Etwas Komisches, ja Komödiantisches steckt darin, vielleicht eine leise Verzweiflung, denn wer will schon von der eigenen Masse erdrückt werden? Das passiert, wenn Elefanten zu lange auf der Seite liegen, vier oder fünf Stunden, dann können sie an ihrem Körpergewicht ersticken. Also schlafen sie im Stehen oder nur wenige Stunden im Liegen, und da hat der Zeiger meiner Uhr schon wieder eine volle Umdrehung geschafft. Ich bin wach.

Wir sind in den Bergen, eineinhalb Autostunden westlich von Chiang Mai, im Norden Thailands. Mae Sapok heißt der Ort. Eine Woche ist gebucht, ›Elefanten intensiv, naturnah & individuell‹. Meine Hütte steht am Hang, ein Raum mit einer Kommode, einem kleinen Tisch, zwei unbequemen, niedrigen Sesseln, dem Bett und einer Nasszelle, die tatsächlich immer nass ist. Ich muss mir eine Leselampe organisieren für die Elefantenbücher, die ich nach langer Prüfung ausgewählt und mitgebracht habe in das Land der Elefanten. Der Buddha hat sieben frühere Leben als Elefant verbracht, neben all seinen anderen Inkarnationen. Eine wertvolle Information, eine gute Geschichte und ein Beweis dafür, dass Elefanten elementar sind wie das Wasser, mit dem sie häufig assoziiert werden, wie auch mit den Wolken. Fliegende Elefanten sind in alten Geschichten nicht ungewöhnlich, und Wolken verheißen Regen. Wo Elefanten sind, ist Wasser, und wo Wasser ist, sind Elefanten.

Unter meinem kleinen thailändischen Haus balzen Geckos. Aber es ist mehr ihre Anwesenheit, die Unruhe stiftet, als die Lautstärke ihres Auftritts. Der Amerikaner in unserer Gruppe erklärt beim Frühstück, er habe die ganze Nacht ihr »Fuck you« gehört. Er sagt oft solche Dinge, Weisheiten aus dem Discovery Channel, die wie Witze klingen. Seine Frau seufzt erschöpft, sie könnte sicher jede seiner Geschichten besser und prägnanter erzählen. Im Übrigen stören sie weder die Geckos

*Tierfreunde, Tierquäler: Mahuts treiben Elefanten zusammen. Indische Buchmalerei aus der Zeit des Moghul-Reichs, 18. Jahrhundert.*

noch die wilden Hunde, sie findet leichthin in den Schlaf. Ich mag das Paar. Und wenn ich auch nicht nach Thailand gekommen bin, um in erster Linie Menschen zu studieren, muss die Geschichte der beiden hier kurz erwähnt werden. Denn sie hat etwas Elefantisches:

Begegnet sind sich dieser Mann und diese Frau eines Tages in Lateinamerika, eine kurze, heiße Affäre unter Backpackern und Bikern. Eines Morgens war er verschwunden und ihr Herz gebrochen. Sie hat ihn über zwanzig Jahre später ausfindig gemacht. Sie sprachen sich aus, er sagte: »Ich habe mein halbes Leben verschwendet«, und sie heirateten. Sie ist Extremsportlerin und Pilotin, er darf nach einer schweren Krankheit nicht mehr arbeiten. Aber da gibt es noch etwas anderes bei diesem Ehepaar; wir drei sind uns nicht nur als eine Gruppe in dieser Elefantenwoche eine angenehme Gesellschaft. Sie haben mich vielmehr beeindruckt, weil sie so liebevoll miteinander umgehen. Sie sorgen füreinander, und die Frau umsorgt offensichtlich den Mann etwas mehr. Elefanten leben im Matriarchat. Die älteren weiblichen Tiere organisieren das Zusammenleben, angeführt von der Ältesten. Die umherirrenden Gedanken haben mit dieser Elefantasie ihr Thema für die Nacht gefunden.

Lesen vor dem Einschlafen ist riskant. Als sich im Bett ein sperriger Ausdruck wie ›anthropozentrisch‹ zugesellt und Raum greift, rückt der Schlaf in weite Ferne. Die Hunde schlagen an, graue, scheue Tiere, tagsüber liegen sie vor dem Dorfsupermarkt und überqueren langsam die Straße, wenn ein Auto um die Ecke biegt. Sie wirken todmüde, die Hunde. Sie haben meine Sympathie. Ich will mit guten Gedanken einschlafen, das Wachliegen mit etwas Schönem beschließen. Gleichen

Träume nicht Elefanten? Sind so fremd und mächtig, so vertraut und bedrohlich. Träume lassen sich auch nicht herausschütteln, und manche kehren regelmäßig wieder. Träume sind die Elefanten der Psyche, man kann sie ein Leben lang erforschen, ohne sie wirklich zu verstehen. Das Rauschen des Regens übertönt die Zikaden. Ich beschließe, in dieser Woche gut zu schlafen.

Wir gehen zu den Tieren. Ich habe lange auf diesen Augenblick gewartet. Sie geben mir Mowa, 35 Jahre alt, mit dreieinhalb Tonnen mittelgroß und ausladend breit. Die Elefantenkuh stammt aus dem Grenzgebiet zu Burma, wo sie früher im illegalen Holzeinschlag gearbeitet hat. An ihrer selbst für Elefanten üppigen und ziemlich runden Figur ist sie leicht zu erkennen und von den anderen Tieren zu unterscheiden. Sie geben mir immer die ruhigen, freundlichen Tiere, wie Lamont, das 25-jährige Maultier damals auf der Ranch in Montana. Ein Tier, das sich richtig verhielt, wenn Bären in der Nähe waren oder der Reiter an einem Bergbach zögerte: Die Cowboys hatten sofort gesehen, dass ich kein guter Reiter bin und eine vorsichtige Natur.

Vorstellig werden bei den Elefanten: Wir setzen uns ins Gras, um uns und über uns die Elefanten. Ich habe das Gefühl, mich dabei noch kleiner zu machen. Die Übung soll daran erinnern, dass wir den Tieren, bei denen wir in gewisser Weise zu Gast sind, in jedem Moment mit Respekt begegnen sollten. Wenn wir unterwegs sind, und selbst bei der Rast, begleiten die Mahuts jeden Schritt. Die Elefanten sind auf ihre Führer eingestellt. Die Elefanten haben Namen, sie bekommen ihn bei der Geburt. Es ist ihr Kindername. Nach drei Jahren, so lange bleibt das

*Erst sterben die Bäume: Elefant in der asiatischen Holzindustrie, um 1880.*

Kalb in der Regel bei der Mutter, wechselt der Name, sie erhalten in einer vom ältesten Mahut vorgenommenen Zeremonie einen neuen fürs weitere Leben. Mowa also. Ihr Mahut heißt Niwat. Er wird in diesen Tagen immer in unserer Nähe sein.

Es gibt zwei Arten, auf einen Elefanten zu steigen. Bei der einen hält man sich an dem Strick fest, der um den Bauch des Tiers gebunden ist, und zieht sich über den Kopf und die Ohren nach oben, wobei jemand besser noch von hinten schiebt und drückt. Wer ist hier eigentlich schwer und plump? Wer Ballettunterricht hatte, schafft es, sich leicht und lässig auf dem Tier umzudrehen. Der andere Weg: Der Elefant knickt ein Bein, man steigt seitlich über das Knie auf, das als Stufe dient. Jetzt sitzt man dem Tier im Nacken, die Beine weit gespreizt, und hält sich mit einer Hand hinten am Seil fest. Die Kommandos lauten:

*Huu! – Los, vorwärts!*

*Hau! – Stopp!*

*Quä! – Nach links oder rechts.*

Dabei wird mit dem Elefantenhaken leicht gegen die Schläfe des Tiers gedrückt. Letztlich sorgt der Mahut dafür, dass es vorangeht und der Treck nicht vom Weg abkommt. Gegen den Einwand, es handele sich bei uns um eine schwere Last und uns zu tragen sei womöglich Tierquälerei, steht die einfache Rechnung: Eine Person von 70, 80 Kilo ist für den Elefanten eine ebenso große oder eben geringe Last wie eine 1,5-Liter-Wasserflasche, die ein Mensch auf dem Rücken trägt. Aber sicherlich würde ich mich freier und leichter im Gelände fühlen ohne einen solchen Wassertank zwischen den Schultern.

Die Tiere sind darauf trainiert, diese relativ leichte Arbeit auszuführen. Es ist ihr Job, er garantiert ihnen Nahrung, medizinische Versorgung und Sicherheit. Die meisten dieser älteren Elefanten hatten in der Holzwirtschaft ackern müssen, bis das Verbot kam, Teak-Holz zu schlagen. In der freien Natur könnten die Tiere auf Dauer nicht überleben, sie gerieten schnell mit den Menschen in Konflikt. So leben sie als Reittiere, als diplomatische Vertreter einer Natur, die schon lange keinen eigenen Staat mehr hat. Holzwirtschaft oder Tourismus: Ein Elefant ernährt eine Familie. Der Satz bleibt hängen. Die Elefanten werden für ein, zwei oder drei Jahre geleast. Oder gekauft. Der Preis für ein gesundes Tier zeigt an, dass es sich, wenn nicht gar um ein Luxusgut, so doch um eine größere Investition handelt; er liegt bei 50 000 Euro. Die Tiere sind registriert, es gibt, wie bei einem Haus oder Auto, ein ausführliches Dokument, in dem Herkunft und Besitzverhältnisse belegt werden, und inzwischen tragen viele Elefanten einen Chip im Ohr.

Aus Elefanten und der Sehnsucht nach ihnen ist Profit zu schlagen, allein in diesem Tal gibt es zwanzig Elefanten-Camps. Meist kommen die Besucher für einen Tag, werden herangekarrt aus Chiang Mai; die Tiere arbeiten ohne Pause. Ich habe lange nach einem Camp gesucht, das eine andere Philosophie vertritt, in dem die Tiere pfleglich behandelt werden. Ich lasse mich überzeugen: Denn wieder hängt das Leben der Elefanten mit den Menschen zusammen. Bodo und Roger Förster, die deutschen Betreiber von ›Elephant Special Tours‹, wo ich meine Elefantenwoche verbringe, kümmern sich um die Mahuts und ihre Familien, die zum Bergvolk der Karen gehören. Sie haben einen Kindergarten für die Karen eingerichtet und helfen im Dorf. Zum erweiterten Kreis der hier Beschäftigten gehört ein ›Religionsbeauftragter‹, ein ehemaliger Dorfbürgermeister, der die rituellen Angelegenheiten von Mensch und Elefant regelt. Bei einer Elefantengeburt verspeisen die Dorfbewohner die Plazenta, das soll Glück bringen; ob roh, gekocht oder gebraten, der Geschmack geht in Richtung Leber.

Die Tiere stehen oben im Wald. Wir steigen zu ihnen hinauf durch ein trockenes Flussbett mit dicken Steinen. Sie fressen. Bevor wir sie zu Gesicht bekommen, hören wir schon das Rupfen und Reißen, das malmende Geräusch der je vier Backenzähne, die das Grünzeug zerkleinern; gut 150 Kilo pro Tag. Die Backenzähne können bis zu sechs Mal nachwachsen im Leben

*Diese Tiere können auch sehr schnell laufen, schneller als ein Mensch. Fotostudie von Eadweard Muybridge, um 1885.*

eines Elefanten. Sie stehen steil am Hang, graue Köpfe stoßen aus dem Dickicht hervor. Hier würden sie, so hören wir, auch als Wildtiere leben, hier ist ihr Biotop. Der Weg ist so breit wie ein Elefantenbein. Wie behutsam sie einen Fuß vor den anderen setzen! Es geht steil hinauf und wieder hinab. Nie hätte ich für möglich gehalten, mit Elefanten in solches Gelände zu gehen. Die Wendung vom ›Elefanten im Porzellanladen‹ ist dumm: Auch wenn sie plump wirken, ihre Motorik ist feinfühlig. Elefanten besitzen hohe Bewegungsintelligenz, sie sind weder Trampel noch Bulldozer. Davon konnte ich mich in jedem Moment in ihrer Nähe überzeugen.

Und man ›reitet‹ nicht auf einem Elefanten. Noch eine falsche Vorstellung. Man wird von ihm gehoben, mitgenommen, es ist ein Balancieren, ein Schwanken wie in einem Boot auf See. Elefantenfüße haben über den Zehen eine Fett- und Knorpelschicht, die wie ein hydraulisches Stoßdämpfersystem funktioniert. Damit federn sie ihr Gewicht auf schwierigem Gelände ab. Sie testen die Beschaffenheit des Bodens und ziehen im Zweifel den Fuß zurück, versuchen an einer anderen Stelle weiterzukommen. Im Biologieunterricht in der Schule hätte mich all das keinen Moment lang interessiert. Um Versäumtes nachzuholen und die Natur schätzen zu lernen, muss man recht alt werden, weit reisen und eine Menge Geld ausgeben. Kaum also, dass ich mich da oben halten kann, geht es langsam, aber immer steiler abwärts, und Mowa lässt sich ein wenig abrutschen, ohne die Kontrolle über jede einzelne Bewegung zu verlieren. In der Mittagspause wird erzählt, dass Elefanten auf flacher, freier Strecke eine Geschwindigkeit von 45 Stundenkilometern erreichen. Es sei unmöglich, einem wildgewordenen Elefanten zu entkommen. Ein Jahr zuvor ist ein Mahut von seinem Elefanten getötet worden, in einem dieser Camps, die auf Mensch oder Tier keine Rücksicht nehmen. Die Familie des Mahuts wurde mit einem geringen Geldbetrag entschädigt.

Anders als bei einem Pferd gibt es keinen Blickkontakt mit dem Tier, der Sehsinn der Elefanten ist ohnehin nicht sehr stark ausgeprägt, und wer weiß, wie der Elefant die Kommandos wahrnimmt. Es ist ein Gefühl des Geduldetseins, der Erprobung, als ich dort oben sitze, mit schmerzenden Beinen, und

*Überlebensgroß: Mit dem Elefanten auf Elefantenjagd, kolorierte Lithografie, Mitte des 19. Jahrhunderts.*

schon wieder einem dicken Ast gefährlich nahekomme, sodass ich mich das eine und andere Mal wegducken muss. Das Tier gewährt dem Menschen auf seinem Rücken Aufenthalt, und der Mensch braucht Geduld, wenn das Tier ausgiebig frisst und Bäume mitschleift. Der Rüssel fasst fester und präziser als zwei Hände oder Pfoten, ein Wunderwerk mit tausenden Muskeln und Nerven, Greifarm und Sinnesorgan zugleich. Sie sind wählerisch beim Fressen, der Rüssel prüft Geruch und Konsistenz der Pflanze, bevor er zupackt; am liebsten sind ihm Bambus und Bananenstauden. Ebenso ausgiebig furzen die Elefanten laut, sie sind schlechte Nahrungsverwerter. Furzen ist allerdings kein treffender Ausdruck für das Knattern und Stöhnen, das ihnen entfährt. »Hüü!«, rufe ich, statt »Huu!«, und die Mahuts lachen laut auf. In der Sprache der Karen klingt es wie ›ficken‹.

Die fußballgroßen Pakete, die sie fallen lassen, riechen nicht wie Fäkalien, jedes sieht aus und fühlt sich an wie trockenes Gras, wie Heu. Beim Baden im Fluss sind wir gehalten, die Böller aus dem Wasser zu fischen und ans Ufer zu werfen. Wir stehen knietief im Wasser und kippen eimerweise Wasser über die Tiere, die sich auf die Seite gelegt haben. Sie werden gewaschen, mehrmals am Tag. Der Mahut zeigt, wie der Dreck aus dem Auge eines Elefanten entfernt wird, mit so entschlossenen wie zarten Handgriffen, als sei es das Auge eines Menschen. Der Rüssel wird geschrubbt. Ich bilde mir ein, dass Mowa dabei lächelt – aber das bin natürlich ich selbst, später gut auf den Fotos zu erkennen. Kein Tier ist so gut zu fotografieren wie ein Elefant, wie ein Berg von vielen Seiten, zu verschiedenen Tageszeiten in je einem anderen Licht und aus einem anderen Winkel. Das Motiv des Elefanten erschöpft sich nicht.

Wir schweben, schaukeln, werden getragen vormittags und nachmittags, durch Felder und Dörfer und den Wald. Es gibt kaum ein schöneres Gefühl, als nach einem zweistündigen Ausflug von einem Elefanten abzusteigen, der Rücken streckt sich, die Beinmuskeln hören zu zittern auf. Es gibt kaum eine angenehmere Übung, als nach einer ausgedehnten Pause, in der Elefantengeschichten erzählt wurden, wieder auf das Tier zu steigen; der Körper sehnte sich schon danach. In vielen Erzählungen, in denen Elefanten eine Rolle spielen, steht das Wort Freiheit im Vordergrund. Freiheit für die Menschen wie für ihre dicken Gefährten. In Jules Vernes Roman – eine intensive Jugendlektüre, ich habe ihn vier- oder fünfmal gelesen – schafft Phileas Fogg die *Reise um die Erde in 80 Tagen* dank eines freundlichen Elefanten, der ihn durch den indischen Dschungel zur nächsten Eisenbahnstation trägt. Nebenbei rettet der spleenige Engländer eine schöne Parsin und junge Witwe vom Scheiterhaufen; sie wird nachher seine Frau. In dem irren Wettrennen gegen die Uhr findet Fogg noch die Zeit, sich dankbar zu zeigen und den Elefanten in gute Hände zu geben.

Das Camp schenkt Zeit und Kontakt mit den Tieren. Ich habe beides sonst nicht, der Alltag erlaubt es nicht, eine Erkenntnis, die ins Krisenhafte weist. Wann komme ich aus dem streng abgemessenen, tierlosen Leben heraus, und wann werde ich hierher zurückkehren oder an einen anderen Ort gelangen, der den Kurzzeitbesucher in diese großartige Verlegenheit stürzt? In der Hängematte liegend Elefanten zu betrachten, die im Schatten dösen, liegt nah am Glück. Der ganze komplizierte Rest, die allgemeine Situation der Elefanten, die Elefanten-Reit-und-Rettet-die-Tiere-Streichelindustrie, ist kurz vergessen, ich bin angekommen.

Da zerfetzen Schreie die Stille. Ein Quieken, ein Brüllen und Schnaufen. Im Dorf wird ein Schwein abgestochen. Der Lärm nimmt zu, als wollten andere Schweine dem Opfer der offensichtlichen Hinrichtung zu Hilfe eilen. Das Schwein stirbt langsam, und es gibt Laute von sich, die von einem panisch schreienden Säugling stammen könnten. Es ist nichts zu sehen, aber die Natur will an dem Geschrei ersticken. Wie lange geht der Todeskampf? Als es schon vorüber zu sein scheint, die Agonie im Rauschen des Windes untergeht, beginnt es umso

*Liebeskummer in der Wildnis. Aquarellierte Zeichnung aus einer Abhandlung über Elefanten, Thailand, 2. Hälfte des 19. Jahrhunderts.*

heftiger aufs Neue. Was machen sie mit dem Tier? Ist das Messer stumpf? Wollen sie das Schwein erwürgen, rast es, schwer angestochen, auf seiner Flucht durchs Dorf? Stehen da Menschen herum und lachen – oder lassen sie von ihrem Vorhaben ab? Darf man armen Bauern vorschlagen, sich vielleicht besser vegetarisch zu ernähren? Die Schreie werden dünner, als entferne sich das Schlachttier. Der Weg ins Nirwana der Schweine – über wie viele Inkarnationen mag er gehen? Es ist jetzt still. Im Ohr hallt das entsetzliche Quieken nach. Auf der Straße oberhalb des Felds, an dessen Rand wir Rast machen, erscheinen drei Gestalten, die einen Sack zu einem Pick-up tragen und ihn auf die Ladefläche werfen. Der Wagen fährt schnell ab, weg vom Dorf über die gewundene Straße.

Die Stille dehnt sich wieder in der Mittagspause aus. Wir sehen, wie ein Bulle eine Kuh besteigt. Er schiebt sich auf sie, rutscht ab und sieht dabei unglücklich aus, als sei es ihm peinlich. Sie kommt ihm kaum entgegen. Es sieht nicht so aus, als würden die sich paarenden Tiere aktiv etwas tun, sondern als geschehe etwas mit ihnen. Sie machen es, sie lassen es zwei Mal geschehen und werden dabei von einem dritten Elefanten aus der Nähe beobachtet, der sie stört oder ihnen beisteht, wer weiß. So geht es auch in der Wildnis, die Herde nimmt Anteil am Fortpflanzungsgeschehen, die jüngeren Tiere schauen zu und lernen etwas fürs Leben. Im Camp wird sich der Akt in den nächsten Tagen wiederholen. Der Bulle wird sein Gewicht auf sie verlagern, um eindringen zu können, er ist zu diesem Zweck für ein paar Tage aus einem anderen Elefantencamp herbeigebracht worden. Und dann stehen sie zusammen und fressen, und es macht den Eindruck, als schaufelten sie einander die Büschel zu. Wenn ich das erzähle, sagt immer jemand: »Du meinst, sie haben danach eine Zigarette geraucht?« Witze über Elefantensex erinnern daran, dass auch die Menschen beim Geschlechtsverkehr unwahrscheinliche Bewegungen ausführen; es muss nicht unbedingt ein Vergnügen sein, sich selbst dabei zu beobachten. In einem Garten in Brandenburg habe ich gesehen, wie sich zwei metallisch-grün glänzende Rosenkäfer auf einem schwankenden Rhododendronblatt paarten. Es war en miniature das gleiche Schauspiel wie bei den Elefanten, schwerfällig und zielbewusst. Ich schaute mit einem gewissen Widerwillen hin und war zugleich magnetisch davon angezogen. Es machte nicht den Eindruck, als falle den Tieren die Paarung leicht, und die Szene erinnerte mich daran, wie beim Sex Schamgefühl und Fantasie so häufig miteinander ringen. Das ›Animalische‹ in der erotischen Vorstellung der Menschen wäre dann auch nur ein Erregungswunsch.

Abends in Mae Sapok lese ich über die Geschlechtsorgane der Elefanten: Die in der Bauchhöhle verborgenen Hoden eines Bullen wiegen um die zwei Kilo, das erigierte Glied misst weit über einen Meter und ist wellenförmig geschwungen. Elefantenbullen können sich mit dem Rüssel selbst befriedigen. Die Klitoris der Kuh kommt auf eine Länge von bald vierzig Zentimetern. Die Schwangerschaft dauert 22 Monate, und ein Elefantenbaby wiegt bei der Geburt rund 80 Kilo, so viel wie ich. Das Gehirn eines Elefanten wiegt wiederum fünf bis sechs Kilo, vier- oder fünfmal so viel wie das menschliche Gehirn. Bei uns ist das Verhältnis von Gehirnmasse und Körpergewicht ca. 1:50, bei den großen grauen Freunden 1:800. Es grenzt an Verrücktheit, sich diesen Kolossen nähern zu wollen, sich ins Gras neben sie zu setzen. Sind sie denn so indolent, dass sie ihre Kraft gegen Menschen nicht ausspielen, oder nur im äußersten und dann meist tödlichen Fall? Sind sie derart ab- und zugerichtet, dass sie schweigen und still stehen in der Landschaft und sich kaum rühren, wenn wieder eine Frau oder ein Mann ihre Ohren ergreift und sich daran nach oben zieht?

Hinter der Elefantenstation von Mae Sapok steht eine märchenhafte Zoo-Geschichte. Es war einmal ein junger Mann, der wollte sich in seiner kleinen Stadt und in seinem kleinen Land, der DDR, nicht zurechtfinden. Er war stur und fiel immer auf, und er besaß einen Humor, den nicht jeder witzig fand, und ein

*Des Kaisers Kleider: Eine feierliche Zeremonie aus der Mughal-Zeit, Indien um 1840.*

*Elefanten sind auch nur Menschen, ob heiliges Wesen, wilde Kreatur oder Arbeitstier. Aus einem thailändischen Bilderbuch des 19. Jahrhunderts.*

loses Mundwerk. Seine Freunde fürchteten, er würde eines Tages noch im Gefängnis landen, und rieten ihm, als Tierpfleger in der Hauptstadt zu arbeiten, da wäre er vor den Menschen sicher. Neun Jahre lang kümmerte er sich im Berliner Tierpark um die Elefanten, und es war sein Traum, die großen, wunderbaren Tiere, die er versorgte und behütete, in Freiheit zu erleben, dort, wo sie zuhause sind. Erst vor wenigen Monaten war die Mauer gefallen, und er flog nach Thailand und kehrte lange nicht zurück. Das ist in Kürze die Biografie von Bodo Förster, der ursprünglich aus Thüringen stammt und in den thailändischen Bergen die ›Elephant Special Tours‹ ins Leben rief.

Heute führt ›Lung Bodo‹ (Onkel Bodo) die Unternehmung zusammen mit seinem Sohn Roger Förster, der gleichfalls ein ›Elefantenmann‹ wurde. Sie haben rund 30 Beschäftigte und dreizehn Elefanten. Wenn Roger sagt, ein Elefant ernährt eine Familie, so gilt das auch umgekehrt. Doch selbst Roger geht ohne Mahut nicht in die Nähe der Tiere.

> *Elefanten sind so verschieden wie wir Menschen: ausgeglichen oder temperamentvoll, gutmütig oder kaputt im Kopf, verspielt oder aggressiv, die ganze Palette,*

schreibt Bodo Förster in seiner Autobiografie *Ein Leben für die Elefanten. Wie ich mir in Thailand meinen Traum erfüllte.*

Freiheit ist die eine Sache, Respekt die andere. Natürlich war die DDR kein Freigehege für Menschen, so wenig wie es Elefantenparadiese gibt. Freiheit, das ist die Klammer, die Menschengeschichten und Elefantengeschichten umfasst. Die Freiheit, die Menschen wie die Försters suchen, erweist sich als komplikationsreiches Projekt zwischen Vertretern recht unterschiedlicher Kulturen – wobei die Karen im Norden Thailands seit jeher auf engen Kontakt mit den Elefanten angewiesen sind, auf ihre Arbeitskraft im Holz und neuerdings auf die Faszination der Reisenden aus dem Westen für die Tiere. Wer sich wie die Försters mit Herz und Seele und finanziellem Risiko unter die Elefanten begibt, findet in der großen Freiheit, die in dieser Entscheidung liegt, neue Zwänge und Grenzen. Wie wird das für den Betrieb, für das Wohlergehen von Mensch und Tier notwendige Geld verdient, ohne dass die Prinzipien verraten werden? Ich stelle diese Fragen auch, um mein Gewissen zu beruhigen.

Auf dem Weg zu einem Karen-Dorf, wo die Frauen am Webstuhl sitzen, fahren wir an einem eingezäunten Gelände vorbei; dort steht ein Elefant allein in der prallen Sonne. »In diesem Camp haben sie nur den einen Elefanten, der wird den ganzen Tag von allen möglichen Leuten geritten«, sagt Roger Förster. Er fügt hinzu: »Am schlimmsten sind die, die in den Medien mit dem Tierschutz und der sanften Methode werben. Das sind oft die Typen mit den brutalsten Methoden.« Ich vertraue den Försters. Es gibt keine zahmen Elefanten. Der Elefant ist ein wildes Tier, immer. Es ist eine völlig absurde Idee, ihn einzusperren und zu benutzen. Alles spricht dagegen, seine Stärke, seine Größe. Aber das ist die Geschichte der Menschen und der Elefanten. Sie sind auf unser Wohlwollen angewiesen. Oder ist der Elefant zu groß, als dass man bemerken könnte, wie seine Zahl unaufhörlich abnimmt?

## *Elefantenhaut und Elefantenmedizin*

Es ist eigentümlich, auf einen Elefanten zu klettern. Kein Metallzaun, kein Wassergraben zwischen uns wie im Zoo, kein Scheinwerfer und Trommelwirbel wie im Zirkus. Das verstärkt noch das Ereignishafte: du allein und das Tier. Seine Haut. Sie fühlt sich weich an. Sie sieht aus wie Karstlandschaft. Elefantenhaut ist stark gefurcht und faltig und keinesfalls überall dick, nur auf dem Rücken und im Bereich der Beine, bis zu drei Zentimeter. Durch das Gewicht des Tieres ist sie einem ungeheuren Druck ausgesetzt. Der Name ›Dickhäuter‹ passt doch eigentlich nicht, denn dort oben, wo ich sitze, hinter den Ohren, und an vielen anderen Stellen ist die Haut des Elefanten ausgesprochen dünn. Sie ist auch nicht durchgehend grau. Je nach Pigmentierung erscheint die Elefantenhaut hell und gesprenkelt. Bei Mowa sind die Ohren ausgefranst und zart rosa an den Rändern wie auch einige Flecken am Kopf und Rüsselansatz und unten am sensiblen Ende ihres Riech- und Tast- und Fress- und Kommunikationsorgans, in dem an die 40 000 Muskeln zusammenspielen. Die Haut der Ohren fühlt sich fest und ledrig an, aber auch nicht dick. Elefanten haben keine Schweißdrüsen, sie schwitzen nicht. Die Ohren sind ihr Kühlsystem, sie sind von unzähligen Äderchen durchzogen, in denen das Blut zirkuliert und das die Hitze abgibt, die sich in dem massigen Körper staut. Mit Schlamm und Sand schützen sie die Haut vor der prallen Sonne.

Ein Elefant spürt, wenn ein Insekt auf ihm landet. So ist das Märchen *Der Elefant und der Schmetterling*, das der amerikanische Dichter E. E. Cummings als Bettgeschichte für seine kleine Tochter schrieb, nicht bloß hübsch ausgedacht. Der Falter und der Trompeter besuchen sich darin jeden Tag und werden – selten genug bei Elefantengeschichten – miteinander glücklich, wenn endlich der Regen fällt, auf den die ungleichen Freunde warten, und bald wieder die Sonne scheint. Es ist ein tief berührendes Erlebnis, mit einem Elefanten unmittelbar in Kontakt zu treten, selbst wenn ein kleines Unbehagen im Spiel ist. Aber das ist es ja immer, wenn sich ein Glücksgefühl zeigt, dieses so scheue Wesen.

»Alles Glück dieser Erde liegt auf dem Rücken der Pferde«, sagt ein angeblich arabisches Sprichwort. Ich glaube zu verstehen, wie es gemeint ist, während ich die Mahut-Hose anziehe und mich für den morgendlichen Gang mit den Elefanten fertig mache. Das spezielle Kleidungsstück ist weit geschnitten und reicht bis zu den Knöcheln, besteht aus festem Baumwollstoff. Eigentlich eine Art Wickelrock mit verzierter Bauchbinde. Die Mahut-Hose wird vorn zugebunden. Sie sorgt bei der feuchten Hitze für etwas Lüftung, vor allem schützt das bequeme Beinkleid vor den Elefantenhaaren. Die flächige, harte und stellenweise borstige Behaarung und die unerwartet weiche Haut bilden einen seltsamen Kontrast, eine taktile Überraschung. Mowa hat einen Schwanz mit besonders schönem, langem, schwarzem Haar. Der Mahut trägt natürlich keine Mahut-Hose, sondern eine abgeschnittene Jeans und ein Superman-Shirt und Flip-Flops, die Gäste schlüpfen in ihre teuren Outdoor-Sandalen aus amerikanischem Büffelleder.

*Man reitet den Elefanten nicht. Man wird als Passagier dort oben geduldet. Indische Zeichnung des späten 16. Jahrhunderts.*

*Wenn möglich, baden sie mehrmals am Tag. Das kühlt ihre empfindliche Haut. Illustration von Jan Luyken zu der niederländischen Ausgabe von* Les six voyages de Jean Baptiste Tavernier, *1682.*

Gleich gehen wir wieder baden im Fluss. Elefantenhaut muss sauber gehalten werden. Sie entzündet sich leicht, wenn sich Schädlinge in den Falten einnisten, das große Tier ist hochempfindlich. Der Elefant liebt den Dreck, in dem er sich wälzt, ebenso wie das Bad. Vermutlich habe ich solche Dinge vor vielen Jahren schon einmal gehört, in der Schule, aber damals hat es mich nicht interessiert. Physik, Chemie und Biologie waren verhasste oder lästige Fächer: Was sollte das schlaue Gerede über Tiere und Ordnungen, wenn die Lehrer nicht in der Lage waren, den Dreizehn-, Vierzehnjährigen etwas über den Menschen beizubringen? Praktisches Wissen wäre nötig gewesen, um die Expedition in jenes unbekannte und gefährliche Land zu meistern, das sich Pubertät nennt. Tierkunde wurde von uns als feige Ablenkung von den Fragen aufgenommen, die schwer auf der Seele und dem Körper lagen. Die missverstandenen, bedrohten, hochempfindlichen, unförmigen, sich seltsam fortbewegenden dünnhäutigen Dickhäuter – waren wir selbst. Wir waren ›the elephant in the room‹, über den niemand spricht und der die Atmosphäre bestimmt. Und welche Katastrophe es war, als eines Tages der alte, wegen des akuten Lehrkraftmangels weit über das Pensionsalter hinaus mit dem Biologieunterricht betraute Studienrat mit den Nazi-Sprüchen von einer jungen und von uns als sehr blond und sehr hübsch empfundenen neuen Lehrerin abgelöst wurde, ohne Vorwarnung. Sie war einfach da, kam in den Biologieraum, der einem kleinen Hörsaal glich, und packte ihre Tasche aus. Darauf waren wir nicht vorbereitet. Nun war das letzte Fünkchen Aufmerksamkeit und Interesse an Vogelarten, Hühnereiern und Wolf-Hund-Stammbäumen dahin.

*Sex ist auch eine Frage der Perspektive. Aquarellierte Zeichnung aus einer Abhandlung über Elefanten, Thailand, 2. Hälfte des 19. Jahrhunderts.*

Diese arme Lehrerin war dazu ausersehen, uns aufzuklären, anhand von Plastikunterleibsmodellen zum Auseinandernehmen und Zusammenstecken. Wörter wie Glied und Scheide führten zu Lachsalven und Erstickungsanfällen in der Klasse. Mir war das so fremd und peinlich, dass ich mich zu den Tiergeschichten zurücksehnte. Tiere, dachte ich, bekommen ihren Sex immer. Und garantiert. Viel später sollte ich erst lernen, wie schwer es Elefantenbullen haben. Vor dem Alter von 25 Jahren haben sie praktisch keine Chance, mit einer Elefantenkuh übereinzukommen. Sie müssen um ihre Chance kämpfen, die Kühe sind wählerisch, und die Konkurrenz der älteren, erfahrenen Bullen ist groß. Ich habe Vergleiche von Menschen- und Tierreich immer gehasst, sie vereinfachen zu grob. Aber von der Hand zu weisen ist es nicht: Elefantenbullen erleben periodisch die ›Musth‹, einen Zustand großer Unruhe und Erregung, bei dem aus einer Drüse an der Schläfe ein öliges Sekret austritt. In der Musth – das Wort stammt aus dem Persischen und bedeutete ursprünglich ›unter Drogen‹ oder ›im Rausch‹ – neigen die Tiere zu aggressivem Verhalten, aber sicher ist es nicht, ob es sich bei der Musth um gesteigerten Sexualtrieb handelt. Offensichtlich machen Elefantenbullen rund alle zwölf Monate so etwas wie eine mit der Pubertät kombinierte Midlife-Crisis durch; eine hormonelle Katharsis, eine Testosteron-Attacke, die so oft im Nichts verläuft. Bullen in der Musth werden als unberechenbar und aggressiv beschrieben, verhalten sich asozial und können für Kühe und Kälber eine Bedrohung darstellen. In der Musth haben Elefanten Menschen angegriffen und getötet. Für die Wissenschaftler bleibt die Musth ein Rätsel; ein Rausch von der bösen Sorte, eine Vergiftung durch körpereigene Stoffe.

Die christliche Mythologie, stets scharf auf Geschlechtslosigkeit bedacht und, weil es dann doch einmal zum Abschluss kommen muss, schnell auf der Suche nach den Schuldigen, verpasst dem Elefanten eine keusche Natur; jedenfalls dem Bullen. Der will sich eigentlich nicht paaren, wird in eine Honigfalle gelockt, damit das alte Rein-raus-Spiel und die Fortpflanzung in Gang kommt. Das Mittelalter beruft sich da vor allem auf den sogenannten *Physiologus* aus dem 2. Jahrhundert nach Christus, ein christlich-prüdes naturgeschichtliches Kompendium. Über den Elefanten heißt es dort:

*In diesem Tier ist keine Begierde nach Vereinigung. Wenn es nun Junge zeugen will, geht es fort ins Morgenland, nahe beim Paradies. Dort aber ist ein Baum, Mandragora genannt, dorthin also geht das weibliche und das männliche Tier; und die Elefantin nimmt zuerst von dem Baum, und sogleich wird sie hitzig; dann gibt sie auch dem Männchen davon, und sie reizt ihn mit Neckerei so lange, bis auch er davon nimmt, und dann frisst er davon, und auch er wird hitzig und so vereinigt er sich mit ihr und sie wird trächtig.*

Das ist die Geschichte von Adam Elefant und Eva Elefant, nichts anderes als der Sündenfall des Alten Testaments in der Version mit Rüssel und Stoßzahn. Mandragora ist die Wurzel allen Übels, eine Liebesdroge wie der Apfel vom Baum der Erkenntnis. Obwohl so ein Elefant dann schon den ganzen Baum verschlingen würde, ein einziger Apfel bewirkt bei einem Elefantenbullen wenig. Der Elefant kenne sogar Scham in geschlechtlichen Dingen, meint der Physiologus. So sei der Mensch, nach Elefantenart! Schamhaft, sittsam und keusch.

*Indien kennt keine Fabel vom keuschen Elefanten, andächtig verstehend feiert es das große Schauspiel seiner Brunst, das herrliche Erwachen seines männlichen Ungestüms,*

schreibt allerdings der Indologe Heinrich Zimmer in seinem Buch *Spiel um den Elefanten* aus dem Jahr 1929:

*Aber in seiner Beobachtung des Liebesspiels der Elefanten kennt es auch ihren Gang in die Waldeinsamkeit und das Werben der Elefantin um die Glut des Gemahls: Dieses ›sie gab ihm und er aß auch davon‹, das die Grundlage der christlichen Vorstellung ist.*

Der christliche Physiologus benutzt demnach indische Quellen und Weisheit, deutet sie aber entschieden um in Richtung Erbsünde.

In den Elefantentagen und -nächten von Mae Sapok schaffe ich mir Bücherwissen über die Tiere an und bringe es kaum zusammen mit Mowas weicher, warmer Haut. Nach einem Ausflug zurück im Camp, reicht mir ein Pfleger einen Wasserschlauch nach oben, und ich wasche ihr den Kopf und die Ohren, sie dreht die Öffnung ihres Rüssels mir zu und lässt ihn volllaufen, um zu trinken. Dieses ›Spiel um den Elefanten‹ bleibt ein intellektuelles, bei dem mir Fakten über den Elefanten durch den Kopf schießen, während ich darauf warte, emotional fortgetragen zu werden. Das passiert erst dann, wenn ich unter dem Sonnendach sitze, aus der Wasserflasche trinke und die Tiere beobachte, die in einiger Entfernung angebunden sind, stehen und fressen. Die Verbindung mit dem Tier ist dann immer schon wieder vorbei, ein Wunschgebilde. Daraus ließe sich schließen, dass ich verliebt bin. Wenn man verliebt und mit dem begehrten Wesen zusammen ist, nimmt die Zeit komische Kurven, man sagt nicht, was man eigentlich sagen will, und tut nicht, was man sich so fest vorgenommen hat. Ich übertreibe, steigere mich in Zustände hinein: ein untrügliches Zeichen, dass etwas mich berührt hat. Der Umgang mit Elefanten hat etwas ungeheuer Befreiendes, da werde ich mich noch häufig wiederholen, und es wirft einen mächtig auf sich selbst zurück. Ich sagte es ja schon: Liebesgefühle. Doch könnte ich ohne die Mahuts Mowa von den anderen Elefanten unterscheiden, in der freien Natur, außerhalb des Camps und der bekannten Pfade?

Mit ihrer unwahrscheinlichen Masse sind Elefanten immer in Bewegung. Als befänden sie sich, wie die Planeten, auf einer Umlaufbahn, im Spiel der Schwerkraft. Elefanten laufen auf Zehenspitzen. Das klingt nach einem anatomischen Scherz, erklärt aber ihre Sensibilität in der Bewegung auf schwierigem Terrain. Einige Wissenschaftler vertreten die Ansicht, dass Elefanten über ihre Fußsohlen auch hören, also das weit entfernte Auftreten anderer Elefanten wahrnehmen, zumal bei Gefahr. Wir gehen über Stock und Stein, ich muss nur aufpassen, dass ich nicht von tiefhängenden Ästen heruntergefegt werde oder mich in den elektrischen Leitungen verfange, die im Dorf quer über die Straße gespannt sind wie Wäscheleinen.

Das große, schwere Tier auf vier mal fünf Zehen- oder Fingerspitzen: Ich beginne, über Evolution nachzudenken. Hat sie Humor, spielt Sadismus eine Rolle, und warum sind es die Elefanten, die mich so viel mehr als andere Tiere beschäftigen? Ist es die Verbindung ihrer gewaltigen Kräfte und Fähigkeiten und ihrer Verletzlichkeit? Das gilt für ihre Physis ebenso wie für die Elefantenpsyche. Die Entstehung der Arten ist eine Sache, aber was ist mit der Entstehung der Größe? Und der Größenunterschiede?

Elefanten brauchen Fußpflege. Die Zehenzwischenräume werden gesäubert, die Sohlen auf Risse und Verwundungen hin untersucht. Entzündete Füße bekommen ein Kamillenbad, die Pfleger schneiden überständige und kranke Stellen aus. Es gibt diesen instinktiven Impuls, die kleine Kreatur zu schützen, aber auch das Lebewesen, das die menschliche Dimension um ein Vielfaches übersteigt, weckt besondere Empathie. Das Große und das Kleine bieten die offene Flanke – und einen Anblick,

*Tonnengewichte bewegen sich auf Zehenspitzen durch die Landschaft. Gemälde von Marten de Vos,* Elefant, *1572.*

der rührt. Elefantenmedizin erinnert im umgekehrten Sinn an Kindermedizin: Diese Riesentiere sind tierärztlich nicht so zu behandeln wie kleinere Haus- oder Wildtiere. Säuglinge und Kleinkinder haben eigene Spezialisten und Krankenstationen, sie sind eben kleine, junge Organismen, keine Erwachsenen. Vollnarkose ist bei Elefanten nur schwer möglich. Da das Ge-

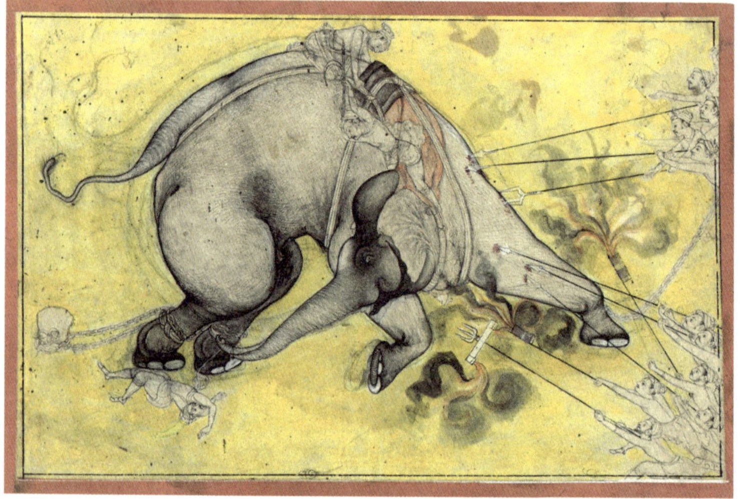

*Die Übermacht der Zwerge: Ein wilder Elefant wird »gebrochen«, , indische Miniatur, Mitte 18. Jahrhundert.*

wicht eines Tieres nur zu schätzen ist, lässt sich das Narkosemittel nicht exakt dosieren. Eine Injektion zu geben, stellt den Veterinär vor das nächste Problem. Sinkt das narkotisierte Elefantentier um, besteht für Patient und Arzt große Verletzungsgefahr. Es ist wie eine zu schwere Ladung auf einem Schiff oder Lastwagen, die ins Rutschen und außer Kontrolle gerät. Wer mit solcher Masse lebt, ist mit der schwerwiegenden Verantwortung geboren, sich gemäß diesem Volumen zu bewegen; es ist allerdings zugleich ein Privileg und Schutz gegen Verfolger.

Ich bin abgestiegen, meine Beine schmerzen zu sehr. Ich laufe neben Mowa her auf der zum Camp führenden Straße. Ich schaue von der Seite zu ihr hinauf und frage mich, ob sie mich überhaupt wahrnimmt. Roger Förster zeigt uns später einen Platz, auf dem eine Art riesiger Carport für Elefanten-OPs gebaut wird. Es wird dort eine Hebevorrichtung und einen Operationstisch geben. Aber alles hängt letztlich von der Bereitschaft eines Tieres ab, die Behandlung anzunehmen. Geschieht es aufgrund von Erfahrung oder sogar so etwas wie Vertrauen, wenn Elefanten eine Prozedur über sich ergehen lassen, die auch ihren Tod bedeuten könnte? Wie begreifen sie den Unterschied zwischen Arzt und Wilderer/Mörder? Wie kann man davon sprechen, dass die Elefanten, wenn der Elefantenarzt kommt – es sind speziell ausgebildete Veterinäre –, den erforderlichen Eingriff *erlauben*, ohne damit die Tiere zu vermenschlichen, was ohnehin ständig geschieht?

In einer in der Zeitschrift *Veterinary Medicine International* 2015 veröffentlichten Studie wurden Krankheiten und Todesursachen der asiatischen Elefanten untersucht. Die Daten stammten aus Indien, Indonesien, Laos, Malaysia, Myanmar, Nepal, Sri Lanka und Thailand. In ihr wurden Elefanten in der Wildnis und in der Gefangenschaft erfasst. Die Statistik der Studie ist durch eine Menge Zufall zwar ungenau, aber über einen langen Zeitraum erhoben, zeichnen sich in ihr doch einige markante Todesursachen ab. Am häufigsten – bei 50 Prozent aller untersuchten indischen Elefanten – wurde von Hautkrankheiten berichtet. Aber auch Erkrankungen im Bereich der Füße und des Rüssels sind mehrfach aufgetreten. Parasitenbefall führt vielfach zu Abszessen. Bei einem Drittel waren ›Verletzungen‹ die Todesursache. Elefanten verletzen sich, wenn sie miteinander kämpfen, bei Arbeitsunfällen oder einem Blitzeinschlag. Aber weitaus häufiger geschieht dies in der Konfrontation mit Menschen. In der Veterinärstatistik steht dann ›Schusswunden‹. Die häufigste natürliche Todesursache ist allerdings das Alter. Es liegt am Gebiss. Wenn die Zähne zermahlen sind und nur noch riesige, kiloschwere Stummel, die nicht mehr nachwachsen, kann der Elefant keine Nahrung mehr kauen und verhungert.

Immer wieder frage ich mich: Warum nur kommen Menschen bei Elefanten auf die grausamsten Ideen? In Afrika dienten abgeschnittene Elefantenbeine als Trophäen – als Hocker für Jagd-Lodges und Beistelltische für Großwildjäger. 1903 wurde in New York Topsy exekutiert, ein Zirkuselefant. Sie war eine große, schwere Kuh um die dreißig Jahre oder etwas älter, also so alt wie meine Mowa. Topsy hatte drei Männer getötet. Einer von ihnen war ein Elefantenpfleger gewesen. Es gibt Berichte, dass er das Tier gequält hat. Topsy galt den Betreibern des damaligen Luna Park in Coney Island fortan als Sicherheitsrisiko. Sie sollte erhängt werden, wogegen Tierschutzverbände erfolgreich protestierten. Die Elefanten sind vom Fortschritt nicht ausgenommen: Topsy starb durch ›Electrocution‹, damals die modernste und angeblich besonders humane Hinrichtungsmethode vor der Einrichtung des elektrischen Stuhls. Die von Thomas Alva Edison, dem Gottvater unserer audiovisuellen Welt gegründete New York Edison Company war bei dem Spektakel der Stromversorger. Topsy bekam ihr mit Gift vermischtes letztes Futter und wurde mit ihren Füßen auf Elektroden zum Stehen gebracht. 1500 Menschen schauten zu, als der Strom mit einer Spannung von 6600 Volt ihren Körper fällte. Nach einer endlos langen Minute war sie tot. Die Hinrichtung wurde für kommerzielle Filmvorführungen doku-

*Im Gottesstaat Iran werden heute noch mit dieser Methode, dem Aufhängen am Kran, Menschen umgebracht: Hinrichtung der Zirkuselefantin Mary in Tennessee, 1916.*

mentiert. Im Internet ist das Video ›Electrocuting an Elephant‹ heute noch zu sehen. Wie die Elefantenfüße zu qualmen beginnen, wenn der Strom eingeschaltet wird. Wer einmal die weiche, faltige Haut der Elefanten gefühlt hat, die Epidermis eines Riesenbabys, schüttelt sich bei diesem Filmschnipsel vor Ekel und Horror.

Der erste Mann, der auf dem elektrischen Stuhl starb, hieß William Kemmler, es geschah im Jahr 1890. Beobachter sprachen von einem »entsetzlichen Schauspiel«. Der Todeskampf dauerte einige Minuten. 2000 Volt wurden durch den Körper des verurteilten Mörders gejagt, in mehreren Versuchen, die neue und angeblich schnelle Tötungsart zu vollstrecken. Edisons Mitarbeiter Harald P. Brown hatte die Mordmaschine erfunden. 1899 starb mit Martha M. Place die erste Frau auf dem elektrischen Stuhl. Topsys Vorgänger bei den Tests waren Pferde, Hunde und Katzen gewesen. Der wirtschaftliche Hintergrund war ein erbitterter Konkurrenzkampf, den sich Edison mit dem Vertreter des Wechselstromsystems Nikola Tesla und der Firma Westinghouse Electric, für die Tesla arbeitete, lieferte.

In einem Londoner Schaugehege wurde 1826 der berühmte ausgewachsene Elefant namens Chunee mit 152 Gewehrkugeln niedergestreckt. Er hatte einen Pfleger mit einem Stoßzahn durchbohrt. Doch die standrechtliche Exekution war nicht erfolgreich. Das Massaker ging weiter, das Tier lebte noch. Es wurde mit Eisenstangen erstochen, an deren Ende die Soldaten ihre Säbel gebunden hatten. In der frühen Geschichte des modernen Zirkus sind solche Horrorstücke keine Seltenheit: 1820 starb in Genf ein angeblich nicht zu bändigender Elefant durch eine Kanonenkugel. In Indien gab es zu der Zeit wiederum

*Auch diese Barbarei wurde als öffentliches Spektakel ausgeführt: Ein Verurteilter stirbt in Indien unter dem Elefantenfuß. Detail aus einer indischen Buchmalerei um 1700.*

Exekutionen *durch* Elefanten. Die menschlichen Delinquenten wurden dabei zerquetscht oder geschleift oder, mit etwas Glück, zertrat das Tier als Scharfrichter dem Opfer kurzerhand das Genick.

Beim Dinner im Camp wird eine schöne, schon einige Jahre zurückliegende Geschichte erzählt, um die Seele zu beruhigen. Ein iPad wandert um den Tisch mit Bildern von Mosha. Sie war sieben Monate alt, als sie auf eine Landmine trat, im Grenzgebiet von Burma und Thailand. Mosha wurde gerettet, aber sie verlor das rechte Vorderbein und bekam eine Prothese. Weil sie zur Zeit der Explosion noch sehr jung und im Wachstum war, wurde ihr jedes Jahr eine neue Beinprothese aus Stahl und Kunststoff angepasst. Inzwischen wiegt das Tier über zwei Tonnen, dreimal so viel wie zur Zeit des Unfalls. Die Prothese hat eine immer schwerer werdende Last zu tragen, wie der Elefant selbst auch. Muss so viel Aufwand um ein Tier getrieben werden? Warum wird mit den vielen tausend Dollars, die für Mosha gesammelt wurden, nicht Menschen in Not geholfen? Die Frage ist berechtigt. Aber wenn man Mosha sieht, wie sie läuft und lebt, und sei es nur in einem Video, dann erscheint es nicht mehr möglich, sich gegen sie zu entscheiden.

## *In den Tempeln von Chiang Mai*

Mit der Zahl Drei hat es vielerorts eine magische, wenn nicht heilige Bewandtnis. Drei Tage wanderte ein weißer Elefant um einen Berg herum, drei Mal ruhte er aus, bis er zu einem Felsen kam, auf dem ein Eremit lebte. Drei Mal ließ er sein lautes Trompeten hören, ging auf die Knie und starb. Damit war die richtige Stelle gefunden, einen Tempel zu bauen, eben dort, wo der weiße Elefant verendete auf der Reise, die seine letzte sein sollte. So erzählt eine Legende vom Ursprung des Wat Phra That Doi Suthep im 14. Jahrhundert, und wie in so vielen Legenden stand auch in dieser das Ziel schon vor dem Weg fest. 200 steile Stufen führen vom Parkplatz, vom Gewimmel der Buden und Imbissstände hinauf zu der buddhistischen Tempelanlage. Dort oben bietet sich ein weiter Blick über Chiang Mai, der Wat Doi Suthep gilt als Wahrzeichen der Stadt.

Meine Gedanken sind bei den Tieren und ihren Pflegern im Camp. In Mae Sapok beginnt eine neue Woche. Neue Gäste sind angereist. Um die Elefanten in einer natürlichen Umgebung zu erleben, treiben sie keinen geringen finanziellen und zeitlichen Aufwand. Das hat ja auch etwas von einer Pilgerreise. Sie führt an einen Ort, wo das Wohl der Tiere, dahin geht die Erwartung, im Mittelpunkt steht. Elefantenfreunde wie die Försters organisieren für die Gäste eine Annäherung an eine Fauna, die ebenso mit romantischen Träumen besetzt wie von Auslöschung bedroht ist. Frei umherziehen können die Elefanten

*Und dann und wann sind die Elefanten wirklich fast weiß: Ausflug der Götter. Rama und Lakshman, indische Buchmalerei, spätes 18. Jh.*

nicht, aber sie werden gefüttert, gepflegt und geschützt, sie haben einen geregelten Arbeitstag in der Tourismusbranche. Die Elefanten haben den Kampf um die Natur verloren, den sie nie begonnen haben und den die Menschen in seiner Wucht und Konsequenz offenbar selbst nicht begreifen. Sonst würde die Zerstörung des ökologischen Gleichgewichts nicht so atemberaubend schnell voranschreiten.

Noch lässt mich etwas zögern, die Anlage von Wat Doi Suthep zu betreten. Wenn ein Mensch aus der Natur kommt, oder aus dem, was von ihr übrig ist, haben religiöse und kulturelle Artefakte oft eine kalte Ausstrahlung. Ich fühle mich auf mich selbst zurückgeworfen, ins ›Gemachte‹. Zurück in eine Welt, die ich nie verlassen habe. Ich bin jetzt wieder allein, ohne Mowa und Mahuts, auf der Jagd nach Elefanten in den Tempeln von Chiang Mai, angefüllt mit Erinnerungen, die sich als bleibend herausstellen werden, getreu dem Motto: Elefantenspuren sind überall zu finden, und Elefantengeschichten sind Menschengeschichten. Am Eingang zum Tempelinneren steht die Statue eines schlanken weißen Elefanten, des Tempelplatzsuchers, er trägt einen goldenen Chedi, wie das Vorspiel zu der gewaltigen achteckigen, spitz aufschießenden Kuppel im Zentrum der Anlage. Im Innern dann steht ein fast lebensgroßer schwarzer Elefant, auf dem zwei Noble reiten. Im Wandelgang sind Szenen aus dem Leben Buddhas zu sehen, mit einem Elefanten hier und dort. Elefantenreliefs aus Holz geschnitzt, ein kleiner Messingelefant, der einen Schrein bewacht, an dem Geld gespendet wird. Ein doppelter und dreifacher Elefantenkopf, ein blauer Elefant mit vier Armen. Eine Tür zu einem kleinen Tempel, die mit Elefantenmalereien in Gold verziert ist und vor der sich eine junge Frau in einem blauen Kleid mit bunten Blumen von ihrem Freund oder Bräutigam fotografieren lässt. Mönche mit ihren orangefarbenen Kutten, die im Hof gegen die dort aufgehängten Glocken schlagen. Ein paar Hunde schnüffeln auf dem quadratisch gemusterten Steinboden herum, sie machen einen freundlichen Eindruck und hauchen all den erstarrten Tierdarstellungen ein wenig Leben ein.

Mir bleiben noch ein paar Tage in Thailand. Ich vermisse Mowa. Im Wat Chiang Man, in der Altstadt, bieten Frauen kleine, zarte Tauben an, die sie in Körben halten. Für ein paar hundert Bath darf ich die Täubchen freilassen, das bringt Glück. Sie flattern eine Weile über dem Grün herum – die Tempel von Chiang Mai sind wie Parks angelegt – und werden dann wieder eingefangen, um aufs Neue freigekauft und in die Lüfte geworfen zu werden, Kreislauf des Lebens. Das Versprechen ›Glück für dich und deine Lieben‹ ist recht vage. Nur lässt sich die Befürchtung auch nicht ganz abweisen, dass es *nicht* gut werden wird, wenn man sich nicht auf das charmante Spiel einlässt. Wat Chiang Man ist der älteste Tempel der Stadt, errichtet um das Jahr 1300. Das ist der eigentliche Elefantentempel, wobei sich auch in den anderen Wats von Chiang Mai reichlich Elefantenbilder finden. Hier aber stützt sich der Chedi auf fünfzehn Elefanten im Karree, sie wirken überlebensgroß und waren einmal hell und strahlend. Verwitterung und Luftverschmutzung haben sie zu schwarzen Riesen gemacht. Auf dem gepflegten englischen Rasen steht ein grüner Strauch, ein Stück Hecke, das in Form und Größe einem Elefantenbaby gleicht. An einer anderen Stelle sah ich im Gras einen Elefanten, der aus Elefantendung geformt worden war.

Die Tempel von Chiang Mai sind Orte, an denen ich mich wohlgefühlt habe, wie auch bei den Elefanten. Eine Weile nach dem Ritt habe ich noch das sanfte Schaukeln im Körper gespürt, das sich wellenförmig überträgt, wenn man auf dem großen Tier sitzt, die kaum vorstellbare Kraft, wenn der Elefant über ein Hindernis steigt, die schlummernde Energie, als drehe sich ein Hügel im Schlaf leise um. Gelassenes Schweigen herrscht im Wat Chiang Man, keine bedeutsame, autoritäre Stille wie in Domen und Kathedralen der westlichen Hemisphäre. Ich betrete ein Heiligtum und sehe Elefanten. Ich ziehe die Schuhe aus, gehe hinein und muss nicht einen schmerzverzerrten Mann mit verdrehten Gliedern anschauen, der auf zwei Bretter genagelt wurde. Ein Mensch, in seiner Unschuld exekutiert, das wieder und wieder in allen Variationen gefeierte Menschenopfer – ist *das* nicht heidnisch und zutiefst abstoßend? Ist das nicht kannibalisch im Abendmahl, »Dies ist mein Leib« und »Dies ist mein Blut«? So ist der Empfang im Reich der Christen: Ich betrete eine Kirche und sehe den Tod. Bedenke das Ende! Als sei es nötig, immerzu daran zu erinnern. Ich schaudere bei dem Gedanken an Kruzifixe, die aus Elfenbein geschnitzt wurden.

In der traditionellen christlichen Bildsprache dagegen bekommt der Elefant kaum eigenen Raum und Charakter. Das Tier ist hier nicht Natur, sondern immer absichtsvolles, beladenes Symbol. Das Lamm auf dem Genter Altar der Brüder van Eyck ist ein strahlendes Opfertier. Das keusche Einhorn, die Taube als Verkörperung des Heiligen Geists, die verführerische Schlange, Ochs und Esel als dekorative Zuschauer bei Christi Geburt, der Fisch als Christussymbol und Christus als Menschenfischer, der Löwe als Attribut und Sinnbild der Macht, der Drache als das Böse schlechthin: Man möchte kein biblisches Tier sein, schon gar nicht bei der harten Selektion

*Unterwerfung: Alexander der Große empfängt auf seinem Asienfeldzug das kostbarste Geschenk. Detail einer französischen Buchmalerei, um 1420.*

für die Arche Noah. Julian Barnes erzählt in seiner *Geschichte der Welt in 10½ Kapiteln*, wie der Patriarch und Kapitän die vierbeinigen Passagiere malträtiert – und sie aufisst. Dies sei der wahre Grund gewesen, so viele Tiere an Bord zu nehmen. Noah brauchte Proviant für die lange Reise. Auf diese Weise, schreibt Barnes, erklärt sich das Aussterben bestimmter Arten, zum Beispiel des Einhorns und all der anderen Fabeltiere. Sie wanderten in Noahs Kochtopf und in das Reich der Fantasie. Bei der Sintflut handelt es sich demnach um einen Schwindel, um Geschichtsklitterung der Menschen und Fleischfresser. Elefanten spielen in der christlichen und jüdischen Glaubenswelt keine Rolle. Auch in der Schöpfungsgeschichte wird der Elefant, im Gegensatz zum Wal, nicht namentlich erwähnt. Der Koran kennt die Episode des weißen Kriegselefanten Mahmud, der sich weigert, mit der jemenitischen Armee gegen Mekka vorzurücken. Weder Worte noch Gewalt können das Tier bewegen. So scheitert der Plan, die heilige Stadt zu erobern und die Kaaba zu schleifen.

Auf der Piazza della Minerva in Rom steht ein Obelisk, er fußt auf einem Elefanten. Den Obelisk aus Granit hatten die Römer in der Antike aus Ägypten herangeschleppt, der Elefant wurde im Barock nach Plänen von Lorenzo Bernini aus weißem Marmor geschlagen. Das Tier dreht den Kopf und schwenkt den viel zu langen Rüssel, schaut spöttisch von seinem Sockel herab. Auf des Obelisken Spitze ist das Kreuz der Christen gepflanzt, es wirkt über den Hieroglyphen fragil und verloren. Eine Zirkusnummer, ein komischer Synkretismus.

Ach ja: »Und dann und wann ein weißer Elefant …« Rilke habe ich mir aufgespart. Dabei zuckt der Vers schon die ganze Zeit durch die Gedanken. *Das Karussell* im Jardin du Luxembourg, Paris. Ein magischer Ort wie der Jardin des Plantes, wo das Rilke'sche Schwestergedicht spielt, *Der Panther*. Wilde Tiere in der Großstadt – und beim *Panther* die Qual, dass die Gefangenschaft endgültig ist. Die Orte sind magisch, weil sie in den Gedichten leben, in Skulptur und Bewegung, wie Rainer Maria Rilke es in den Pariser Museen und Parks gelernt hat und bei dem Bildhauer Auguste Rodin, als dessen Sekretär er arbeitete. Nicht dass der weiße Elefant ein Symbol des Todes wäre oder einer anderen höheren Macht, im Gegenteil. Rilke hält ein Kindervergnügen fest, eine hölzerne Menagerie mit Löwen und Hirschen und Pferden, mit Mädchen, die, wie er anklingen lässt, diesem Karussell im Stadtpark im Grunde schon ›entwachsen‹ sind. Elefanten stimmen melancholisch, ihr Anblick tut der Seele gut. Er weist in die Kindheit zurück, auf etwas Vergangenes, wie Rilkes Vers, der mit den Karussellwagen drei Mal vorüberfliegt. »Und dann und wann ein weißer Elefant …« Ich habe, sobald ein Entkommen von zuhause möglich war, diese Orte in Paris besucht, allein schon wegen der Gedichte. Und zaubern Elefanten nicht die Kindheit wieder herbei, ein ideelles Kindsein? Man fühlt sich klein vor dem Tier, das wie das Leben selbst dasteht, aber freundlich, einladend und voller Geheimnis. Und auch ein wenig unheimlich und fremd. Mit einem Elefanten lässt sich ein Reim machen auf etwas, was nie so schön erlebt oder auch so schön vergessen wurde.

»Und dann und wann ein weißer Elefant«. Nun die andere Seite des Märchens: Es gibt keine weißen Elefanten. Es gibt sie schon, aber anders. Sie entspringen erst einmal der Fiktion, sind ein Wunschbild wie die jungfräuliche Empfängnis. Weiße Elefanten sind in der Realität hellere Elefanten, ihre Hautfarbe geht ins Gelblich-Rötliche oder ist blau-grau-pink. Der Schwanz fällt lang und gerade, der Rüssel ist auffällig lang: Das ist das Ideal. Weiße Elefanten in Asien, so kostbar, so hoch verehrt, sind erst einmal besonders schöne Elefanten, auffällige Tiere. Umgekehrt wäre die Frage: War Shakespeares ›Mohr von Venedig‹ schwarz, hatte Othello dunkle oder einfach nur dunklere Haut wie viele Menschen in Nordafrika? Religion wie Rassismus leben von Vereinfachungen und hängen zusammen, wenn es darum geht, ein Wesen herauszuheben oder herabzuwürdigen.

*Als wären sie nicht schon groß genug. Ganesha hat vier Arme, der heilige Elefant Airaavatha fünf Köpfe, indisch, spätes 17. Jahrhundert.*

Eine erste Erwähnung findet der weiße Elefant um das Jahr 300 v. Chr. in einer griechischen Quelle. Berichtet wird, wie ein König – vermutlich in Indien, bis dahin war Alexander der Große mit den Makedonen vorgestoßen – von einem Untertan die Herausgabe des weißen Tiers verlangt. Der Mann weigert sich, es kommt zum Showdown, bei dem der Elefant für seinen Herrn kämpft. Der Ausgang bleibt offen, aber die Richtung ist klar. Helle Elefanten gehören dem König, und so wird es bis in unsere Zeit in Thailand gehalten. Im Jahr 2007, zum 80. Geburtstag von König Bhumibol, wurde eine Briefmarke geprägt, auf der der Regent seinen ersten weißen Elefanten grüßt, den berühmten Phra Sawt Adulyadej Phahana. Bhumibol besaß 20

Elefanten, die in buddhistischen und brahmanischen Zeremonien ihren Namen verliehen bekommen.

In der hinduistischen Mythologie entsteigt Airavata, der erste Elefant, einem Ozean von Milch. Airavata, der fliegende Elefant. Buddha war in seinen Reinkarnationen auch ein weißer Elefant mit einem silbernen Rüssel; so kommt er in den Bauch seiner Mutter. Der Kult der weißen Elefanten zieht sich in Südostasien durch die Zeiten. Die Tiere sind auf Flaggen, Orden, Postkarten, Filmplakaten zu finden. Storys von weißen Elefanten lesen sich oft äußerst abenteuerlich. 1870 besuchte ein englischer Reisender den kostbar ausstaffierten königlichen Stall des weißen Elefanten von Mandalay, in Burma. Der Bulle war fest angekettet und galt als bösartig. Seine Augen waren weiß, er hatte weiße Flecken auf der Stirn und an den Ohren, und seine Haut war pechschwarz. In der Überlieferung verheißen weiße Elefanten Glück und Ruhm und Reichtum, und man braucht von all dem schon eine Menge, um in den Besitz eines solchen Tiers zu kommen. Im englischen Sprachgebrauch ist ein ›white elephant‹ ein Projekt mit viel Prestige und noch mehr Problemen. Etwas, was man eigentlich nicht haben will.

Alljährlich wird am südindischen Bhavani River ein Elefantencamp aufgeschlagen. Die gestressten, manchmal traumatisierten Tiere und ihre Mahuts erholen sich dort sieben Wochen lang vom Tempeldienst. Von moralischen Vergleichen ist nicht viel zu halten, sie helfen in der Regel nicht weiter. Aber beim Nachdenken über Elefanten und ihre Heiligkeit ist nicht zu übersehen, dass weite Teile der indischen Bevölkerung wie überhaupt die meisten Menschen auf der Welt niemals in den Genuss kommen, in den Urlaub zu fahren. Tierwohl ist da ein absurder Luxus. Die Elefanten in Indien schleppen eine Tradition, unter der auch die Menschen leiden. Ein Riesenelefant steht im Raum. Darüber muss gesprochen werden. Die indische Gesellschaft hat lange weggesehen, und der Rest der Welt hat sich nicht um die religionsgestützte gesellschaftliche Mentalität bekümmert, die Unmenschlichkeit duldet und befördert: Die Situation junger Mädchen in Indien steht in entsetzlichem Kontrast zu dem Subkontinent der westlichen Selbsterfahrung und Spiritualitätsgier. Junge Frauen in Indien werden oft schlechter behandelt als Tiere. Vielleicht hatte ich gehofft, dass Tiergeschichten vom Elend der Menschen ablenken, zumal in jenen Ländern, wo noch wilde Tiere leben. Aber es ist ein Irrtum. Die Tiere führen uns geradewegs dorthin, wo Menschen in Not sind.

*Monster und Machtdemonstration. Aus der* Elephantographia Curiosa, *Erfordiae 1715.*

# *Elefanten ante portas!*
# *Kriegsmaschinen und Diplomatengeschenke*

Elefanten fiel in meiner Zeit des Heranwachsens und Lernens eine spezielle Rolle zu – und Tieren ja überhaupt. Vor allem solchen Tieren, die ich nicht hatte. Das ist mir erst viel später klar geworden, und es hatte nichts mit dem Biologieunterricht zu tun. Manchmal lohnt es sich, über Sinn und Unsinn jener Jahre nachzudenken. Welche Weichen gestellt wurden, welche Wege gezeigt, welche Richtungen verbaut. Literatur oder, ganz allgemein und etwas altmodisch ausgedrückt, Kultur und Bildung haben auf einen sehr jungen, in der Kleinfamilie eingesperrten Menschen eine explosive Wirkung; zerstörerisch oder befreiend. Damit verbindet sich in meiner Erinnerung zum einen Bertolt Brecht, dem ich, anders als Rilke, nie nahekam, und zum anderen ein Kapitel aus der römischen Geschichte, die mich ähnlich begeisterte wie Hollywood-Western.

Brecht und die *Geschichten vom Herrn Keuner* waren mir suspekt, ich mochte diese nassforsche, besserwisserische Art nicht. Besonders das Kapitel mit Herrn Keuners Lieblingstier berührt mich bis heute unangenehm:

> *Als Herr K. gefragt wurde, welches Tier er vor allen schätze, nannte er den Elefanten und begründete dies so: Der Elefant vereint List mit Stärke. Das ist nicht die kümmerliche List, die ausreicht, einer Nachstellung zu entgehen oder ein Essen zu ergattern, indem man*

*nicht auffällt, sondern die List, welcher die Stärke für große Unternehmungen zur Verfügung steht. Wo dieses Tier war, führt eine breite Spur. Dennoch ist es gutmütig, es versteht Spaß. Es ist ein guter Freund, wie es ein guter Feind ist. Sehr groß und schwer, ist es doch auch sehr schnell. Sein Rüssel führt einem enormen Körper auch die kleinsten Speisen zu, auch Nüsse. Seine Ohren sind verstellbar: Er hört nur, was ihm paßt. Er wird auch sehr alt. Er ist auch gesellig, und dies nicht nur zu Elefanten. Überall ist er sowohl beliebt als auch gefürchtet. Eine gewisse Komik macht es möglich, daß er sogar verehrt werden kann. Er hat eine dicke Haut, darin zerbrechen die Messer; aber sein Gemüt ist zart. Er kann traurig werden. Er kann zornig werden. Er tanzt gern. Er stirbt im Dickicht. Er liebt Kinder und andere kleine Tiere. Er ist grau und fällt nur durch seine Masse auf. Er ist nicht eßbar. Er kann gut arbeiten. Er trinkt gern und wird fröhlich. Er tut etwas für die Kunst: Er liefert Elfenbein.*

Nein, kein Elefant ›liefert‹ Elfenbein. Nicht freiwillig, es sei denn, er ist tot. Und was ist das für eine zynische Einstellung Tieren gegenüber – dass sie Lieferanten sind? Woher will dieser kalte Großstadtbewohner wissen, dass Elefanten gern zur Arbeit gehen? Hätten sie eine Wahl? Im Übrigen *ist* der Elefant essbar, er wird in Afrika auch wegen seines Fleischs gejagt. Und seine Haut ist, wie wir wissen, *nicht* einfach nur dick. Wieso tanzt er gern, ist er ein Bär? Brecht zerteilt den Elefanten. Ich werde bei dieser Keuner-Episode das Gefühl nicht los, dass Brecht einen Zirkuselefanten vor Augen hat, ein dressiertes Tier, das in der Manege zur Freude des zahlenden Publikums seinen Dienst verrichtet. Keuners Lieblingstier hat die Freiheit nie gesehen. Darum schätze ich diese Art von Literatur nicht, eine autoritär-aggressive Haltung steckt darin, ein Vorschriftenmacher.

Nun zu der anderen Geschichte: Hannibal und seine Kriegselefanten. Wie der karthagische Feldherr von Nordafrika über Spanien und Frankreich schließlich nach Italien kam, nachdem er mit den Tieren die Alpen überquert hatte, das ragte aus all dem Geschichtsstoff heraus, das machte all die Schlachten und Jahreszahlen, die wir wie lateinische Deklinationen und Konjugationen auswendig lernen mussten, plötzlich zu einem höchst lebendigen, also tödlichen Schauspiel. Elefanten im Krieg! Hannibal ante portas! Da reichte nichts heran, schon gar nicht der bürokratisch protokollierte ›Gallische Krieg‹ des Gaius Julius Cäsar, dessen persönliche Variante jeder von uns Lateinschülern nicht nur einmal auf individuelle Art verlor. Das Römische Reich, all die Kaiser und Konsuln, Provinzen und Poeten waren im Vergleich mit Hannibals unwahrscheinlichem Zug schlagend langweilig und öde. Der Krieg mit Elefanten vermittelte das Gefühl, dass wir es mit ›Geschichte‹ zu tun hatten. Ein unglaubliches Drama: Elefanten auf einem Pass durch die Alpen, in Eis und Schnee und Steinlawinen, auf dem Weg nach Rom. Endlich Chaos in einem Geschichtsbild, das vor allen Dingen auf Ordnung ausgelegt war.

Historiker schätzen Hannibals Tross, der sich im Jahr 218 v. Chr. durch Südeuropa wälzt, auf 40 000 Menschen, 10 000 Pferde und an die 40 Elefanten, die Nahrung und vor allem Wasser benötigen. Eine unfassbar logistische Aufgabe, ein bis heute nicht vollständig geklärtes Rätsel ist zudem, wie die Karthager den Weg nach Italien fanden. Über fünfzehn Jahre zieht der Feldherr Hannibal mit seinen Truppen durch das römische

*Überraschungseffekt.* Hannibal überquert die Rhône, *Gemälde von Henri P. Motte anno 1878.*

Stammland, eilt von Sieg zu Sieg, hinterlässt eine breite Spur der Zerstörung und greift die Hauptstadt doch nicht an. Auch das bleibt ein Mysterium: Rom wird verschont, die Karthager kehren nach Nordafrika zurück. Dort erleiden sie im Jahr 201 v. Chr. die entscheidende Niederlage. Fünfzig Jahre später machen die Römer Karthago dem Erdboden gleich. Punische Elefanten werden als Beute nach Rom geschleppt, mit einem Heer von Sklaven.

In vielen Kriegen und Schlachten der Antike sind die Tiere beteiligt. Kriegselefanten finden sich nahezu überall – in alten chinesischen Chroniken, bei den Assyrern, im altindischen Mahabharata-Epos. Alexander der Große schlägt die asiatischen Gegner in seinen Blitzkriegen mit ihren eigenen Waffen: Elefanten.

*Die Ausbildung von Elefanten für den Krieg ist ein langwieriger Prozess, erfordert viel Geduld. Die meisten Tiere sind für das kriegerische Leben zu nervös und ängstlich, man hat sie als Lasttiere benutzt,*

schreibt John M. Kistler in seinem 2007 erschienenen Buch *War Elephants.*

Elefanten waren die Panzer der Antike. Sie trugen Schutzkleidung und turmartige Aufbauten für Bogenschützen und Lanzenwerfer. Antike Autoren beschreiben den bestialischen Kampf der Kreaturen. Aber erst mit Gustave Flauberts *Salambo* (1862) erschließt sich das Gemetzel en détail - und in Breitwandformat. Der Roman gleicht einer ausgedehnten Fieberfantasie, Guy de Maupassant feiert ihn als eine »Oper in Prosa«. Die europäische Orientbegeisterung hat hier eines ihrer größten und verrücktesten Zeugnisse. Nach *Madame Bovary* stürzt sich Flaubert in eine poetische Orgie von Sex und Grausamkeit, heidnischen Riten und bombastischer Prachtentfaltung. Historische Grundlage bildet der Krieg des karthagischen Herrschers Hamilkar Barkas mit aufständischen Söldnern um 240 v. Chr. Im achten Kapitel kommt es zur Elefantenschlacht:

*Da erscholl ein Geschrei, ein furchtbares Geheul, ein Gebrüll von Schmerz und Wut. Das waren die zweiundsiebzig Elefanten, die in zwei Treffen anstürmten. Hamilkar hatte nur gewartet, bis die Söldner auf einem einzigen Punkt zusammengeknäuelt waren, um sie dann loszulassen. Die Indier hatten die Tiere so gewaltsam gestachelt, dass ihnen das Blut über die breiten Ohren rann. Ihre mit Mennige bestrichenen Rüssel standen senkrecht empor wie rote*

*Ein Wehrturm marschiert aufs Schlachtfeld. Aus einem lateinischen Bestiarium englischen Ursprungs, frühes 15. Jahrhundert.*

*Schlangen, ihre Brust war mit einem Spieße bewehrt, ihr Rücken gepanzert, ihre Stoßzähne durch eiserne Klingen verlängert, die wie Säbel gekrümmt waren. Um sie wilder zu machen, hatte man sie mit einer Mischung von Pfeffer, Wein und Weihrauch berauscht.*

Ein Hollywood-Monumentalfilm könnte es nicht plastischer und spektakulärer zeigen als Flaubert in seinem Rausch. Hier noch ein längerer Schwenk ins viehische Gemetzel:

*Um mehr Wucht zu haben, stürzten die Barbaren den Ungetümen in dichten Haufen entgegen. Die Elefanten stürmten ungestüm mitten in sie hinein. Die Spieße an ihrer Brust spalteten wie Schiffsschnäbel die Heerscharen, die in großen Wogen zurückfluteten. Sie erdrückten die Kämpfer mit den Rüsseln oder rissen sie empor und reichten sie über ihre Köpfe hinweg den Soldaten in den Türmen. Mit ihren Stoßzähnen schlitzten sie den Gegnern die Bäuche auf und schleuderten sie hoch in die Luft. Lange Eingeweide hingen an ihren Elfenbeinhauern wie Tauwerk an Masten. Die Barbaren suchten den Tieren die Augen auszustechen oder die Kniekehlen durchzuschneiden. Manche krochen ihnen unter den Bauch, stießen ihnen das Schwert bis zum Heft hinein und wurden dann von ihnen zermalmt. Die Tapfersten klammerten sich an das Riemenzeug und sägten mitten in Flammen, Kugeln und Pfeilen die Gurtung durch, bis der Weidenturm umklappte wie ein Turm aus Stein. Vierzehn Elefanten vom rechten äußersten Flügel, durch ihre Wunden in Wut versetzt, wandten sich um, gegen das zweite Treffen. Da griffen die Indier zu ihren Hämmern, setzten die Meißel auf die Schädeldecken und schlugen mit aller Kraft zu. Die riesigen Tiere brachen zusammen und fielen übereinander. Sie bildeten*

*Berge. Auf solch einem Haufen von Kadavern und Rüstzeug lag ein ungeheurer Elefant, Zorn Baals genannt, die Beine in Ketten verstrickt, einen Pfeil im Auge. Er brüllte bis zum Abend.*

Der Einsatz von Kriegselefanten birgt große Risiken. Oft haben sich die Tiere in Todesangst gegen die eigenen Reihen gewendet und die Falschen niedergetrampelt.

Kriegselefanten sind aber keineswegs eine Erscheinung weit zurückliegender Epochen. Für die britische Kolonialarmee in Indien hatten die Tiere eine große praktische wie symbolische Bedeutung. Wer die Elefanten hat, hat die Macht. Es gab Spezialtraining für Pferde und Elefanten mit Kanonen. Sie sollten sich an den Donner gewöhnen und nicht in Panik geraten. Im Zweiten Weltkrieg rückten die Japaner im Dschungel des britisch besetzten Burma gegen die Engländer mit Elefanten vor. Und das wiederholte sich in Vietnam. Auf Dschungelpfaden schaffte der Vietcong Nachschub heran, auf dem Rücken der großen Tiere, die in ihrem Element waren. In *War Elephants* beschreibt Kistler die wahnsinnige Aktion ›Barroom‹ aus dem Jahr 1967. Die US Air Force will vier Elefanten mit Hubschraubern in ein abgelegenes vietnamesisches Dorf fliegen, wo sie für Holzarbeiten gebraucht werden. Der ursprüngliche Plan, die Tiere aus einem Transportflugzeug mit Fallschirmen abzuwerfen, lässt sich wegen einiger Journalisten und Tierschützer nicht realisieren. Die Elefanten werden für den Ausflug mit Betäubungsmitteln vollgepumpt. Die Helikopter geraten in einen Hinterhalt des Vietcong; drei Elefanten werden getötet, der vierte soll das Weite gesucht und gefunden haben. Auch andere Tiere hat die US Army in Vietnam eingesetzt. Hunde wurden

*Kriegselefanten gab es nicht nur bei Hannibal in der Antike. Japanische Soldaten in Burma, 1944.*

*Auf diplomatischer Mission. Kalif Harun al-Raschid schickt einen Elefanten nach Europa zu den Franken.*

darauf trainiert, die Soldaten im Dschungel zu begleiten. Wenn sie Feindwitterung aufnahmen, gaben sie stumme Zeichen mit ihren Ohren oder Pfoten. Bellen hätte sie verraten.

Neben ihrem Einsatz im Krieg wurden Elefanten von orientalischen Herrschern als politische Emissäre geschickt. Der Elefant Abul Abass macht, so weit bekannt, den Anfang. Seltsamerweise ist das exakte Datum seiner Ankunft in Aachen überliefert. Am 20. Juli des Jahres 802 kommt das Tier nach einer

Reise dort an, die wohl bis zu zwei Jahre dauerte und in Bagdad ihren Ausgang nahm – über Jerusalem und Nordafrika nach Italien, mit einem Winterlager an den oberitalienischen Seen – und schließlich bis in die Residenz Karls des Großen führte. Abul Abass ist ein Geschenk des Kalifen Harun al-Raschid an den Herrscher im Norden. Vermutlich stammte das Tier aus Indien, aber über seine Herkunft ist nichts Genaues bekannt, auch nicht über den Handelskaufmann Isaak, einen Juden, der Abul Abass nicht von der Seite wich. Das Ende des Elefanten in der Entourage des fränkischen Kaisers glauben die Historiker zu kennen. 810 soll er bei einer Überquerung des Rheins gestorben sein. Allerdings sind Elefanten gute Schwimmer. Der tierische Botschafter aus Bagdad gilt als der erste Elefant in Nordeuropa nach christlicher Zeitrechnung.

Denn so wurden sie angesehen und eingesetzt: als ›diplomatische Elefanten‹, wie Stephan Oettermann es in seinem Buch *Die Schaulust am Elefanten. Eine Elephantographia Curiosa* beschreibt:

> *Im 16. Jahrhundert zählte der Elefant zu den höchsten Trümpfen im diplomatischen Spiel.*

1514 überbringt eine portugiesische Expedition Papst Leo X. ein elefantöses Geschenk. Das Tier heißt Hanno, wohl in Anspielung auf Hannibal. Die Portugiesen hatten ihn aus Indien nach Lissabon geschafft und weiter mit dem Schiff nach Rom gehievt. Der Elefant des Papstes, ein noch junges Tier und nicht allzu groß, wird zu einer Riesenattraktion, gefeiert und gehütet wie der kostbarste Schatz. Offensichtlich hat es der Papst mit seinem Lieblingstier zu gut gemeint. Hanno verendet 1516 an einer Verstopfung. Die Abführmittel, die ihm verabreicht werden, einschließlich etlicher Goldklumpen, vergrößern nur die Qual. Dreihundert Jahre zuvor, anno 1237, ist der Stauferkaiser Friedrich II. im Triumph durch Norditalien gezogen, vorneweg ein Elefant, wahrscheinlich das Geschenk eines ägyptischen Sultans.

Oettermann hat eine Chronik des Elefantenaufkommens in Nordeuropa aufgestellt. 1255 taucht ein solches Tier in London auf, 1443 angeblich erstmals in deutschen Landen, in Frankfurt am Main, 1552 in Wien. Sein Name ist Soliman, sein Herr der spätere Habsburger Kaiser Maximilian II. Soliman überquert die Alpen auf dem Brenner. Bei seiner Ankunft in Wien soll es unter den Bürgern zu einer Panik gekommen sein. Soliman, wie Hanno, hält es im Norden nicht lange aus. Er stirbt bereits ein Jahr nach seiner Ankunft. José Saramago, der portugiesische Literaturnobelpreisträger, hat Soliman einen ironisch-unterhaltsamen Roman gewidmet. *Die Reise des Elefanten* erzählt von dem sympathisch verschlagenen Mahut Subhro, den die Österreicher kurzerhand auf Fritz umtaufen und der unterwegs, weil er nicht anständig bezahlt wird für den irren Zug durch Europa, Elefantenhaare verkauft – Wunderheilmittel für alle möglichen Gebrechen.

In den folgenden Jahrhunderten wandern etliche Elefanten durch Europa und wechseln die Besitzer. 1741 empfängt Zar Iwan IV. vierzehn Elefanten in St. Petersburg. Elefanten bleiben eine Sensation. Sie garantieren Zulauf und versprechen den Schaustellern gute Geschäfte. Ende des 18. Jahrhunderts gelangt der erste Elefant nach Amerika und bereist das weite Land als exotische Attraktion. Zur gleichen Zeit erlebt Goethe

*Allmählich machen sich die Europäer mit den Riesen vertraut. Ein Elefant aus der Werkstatt Raffaels, um 1516.*

in Weimar eine Elefantenvorführung, zeigt sich aber nicht allzu begeistert, er spricht von einer »der größten Unformen der organischen Natur.« Oettermanns vorzügliche, 1982 erschienene *Elephantographia* ist schon lange vergriffen und teilt als Buch das Schicksal der vom Aussterben bedrohten Tiere.

Im Triumphzug bei einer Opernaufführung um das Jahr 1780 am Hof des Landgrafen von Hessen-Kassel zogen Kamele über die Bühne. Der als Hauptattraktion vorgesehene Elefant verweigerte seinen Auftritt vehement. Nach seinem Tod landete er im Theatrum anatomicum. Tiere und Kinder gehören nicht auf die Bühne, sagt ein alter Theaterspruch. Tiere gehören auch nicht in eine Gondel. Am 21. Juli 1950 fährt die Elefantenkuh Tuffi mit der Wuppertaler Schwebebahn. Es handelt sich um eine äußerst originelle Werbeaktion des Zirkus Franz Althoff. Die Gondel ist mit Fotografen und Journalisten überfüllt. Tuffi bricht aus und stürzt zehn Meter tief in die Wupper. Dabei bleibt sie unverletzt, sie fällt weich in den Schlamm.

## *Showtiere: Lucy, Jumbo und der ›Elephant Man‹*

Ende des 19. Jahrhunderts gab es an der nordamerikanischen Ostküste drei große Elefantenkonstruktionen. In Cape May, einem eleganten Seebad viktorianischen Stils an der Südspitze New Jerseys, ließ ein Immobilienunternehmer am Strand einen gut dreizehn Meter hohen Holzkoloss errichten. Ähnlich hoch soll nach Angaben von Victor Hugo der Gipselefant auf der Pariser Place de la Bastille gewesen sein, der klägliche Rest eines von Napoleon geplanten, aber nicht verwirklichten Projekts, das einen eisernen, aus eingeschmolzenen erbeuteten Kanonen gefertigten gigantischen Triumphelefanten vorsah. Der Cape-May-Elefant diente als Aussichtsturm, in seinem Bauch konnte man Erfrischungen kaufen. Anno 1900 wurde das weithin sichtbare Wahrzeichen, ›Light of Asia‹ genannt, wegen Baufälligkeit schon wieder abgerissen, wie der Pariser Artgenosse, der 1846 geschleift wurde.

Deutlich größer als das ›Licht von Asien‹ war der Koloss im New Yorker Vergnügungspark Coney Island. Ein Hotel mit 32 Zimmern war darin untergebracht, das bald zum Bordell mutierte. 1896 brannte der Stunden-Elefant nieder. Der dritte Elefantenbau steht noch heute in Margate City bei Atlantic City, New Jersey: Lucy. Sie hat mit Glück überlebt. Sie musste einem Appartementhaus weichen, wurde versetzt und in den 1970er-Jahren dank einer Bürgerin des Ortes gerettet, die ihre Erspar-

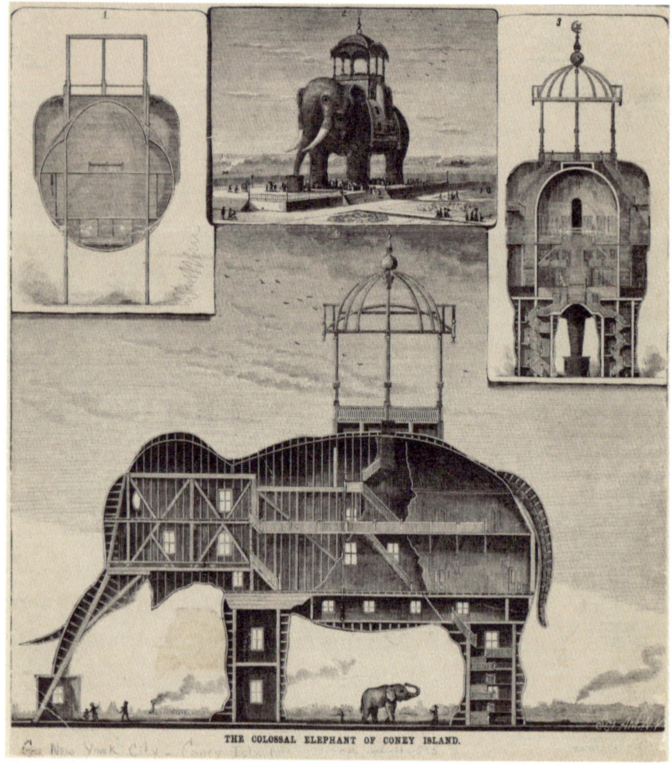


*Gruß an die Wolkenkratzer. Das* Elephant Hotel *am Strand von Coney Island, New York. 1884 gebaut, 1896 abgebrannt.*

nisse für die Renovierungsarbeiten gab. Lucy ist bald 140 Jahre alt, sie schaut auf die Strandpromenade der Spielerstadt. Deren alte, fantasievolle Casinos standen dem Investorenwahn im Weg. In Louis Malles Spielfilm *Atlantic City* von 1980 sieht man die eleganten alten Casinoriesen in den Staub sinken.

Lucy ist zwanzig Meter hoch, betongrau, auf ihrem Rücken ist eine rote Decke mit gelbgoldener Bordüre aufgemalt. Sie hat Fenster und eine Plattform, die einen weiten Blick auf das Meer und die verglasten neueren Casino-Hochhäuser gewährt, um die auch schon wieder die Pleitegeier kreisen. Ihr Rüssel steckt in einem Betonklotz, der einen Wassereimer darstellt. Sie wirkt wie ein Denkmal, das an die Zeit erinnert, in der die USA zur Weltmacht aufstiegen und sich als offenes Land begriffen. Ich betrete Lucy durch eine Tür im linken Hinterbein und steige die schmale Treppe hoch.

Mit der kleinen Empore, der Holztäfelung und der US-Flagge sieht Lucys Hohlraum aus wie der Gerichtssaal einer amerikanischen Kleinstadt. Schautafeln und Erinnerungsstücke befinden sich in dem etwas stickigen Raum, es läuft eine kurze Dokumentation der alten Zeiten. Lucy ist für amerikanische Verhältnisse wirklich alt, dafür wird sie geliebt. Sie strahlt in ihrer kindlichen Anmutung Verlässlichkeit und Güte aus. Den Wasserturm von Margate ziert ihr Bild, ein Wahrzeichen. Oft habe ich den Eindruck, dass Amerikaner nur ein kurzes Gedächtnis besitzen, was wohl an ihrer relativ jungen Geschichte liegt, die von den meisten Menschen dort als gewaltiger und in der Weltgeschichte einzigartiger Erfolg verstanden wird. Am Abend zuvor habe ich einen Film gesehen, *The Greatest Showman,* ein Musical über den Zirkusunternehmer P. T. Barnum. Von Kritikern verrissen, hat sich das Werk zum Kult entwickelt. Viele Fans gehen fünf, zehn oder zwanzig Mal zu den Vorstellungen, singen und klatschen mit, feiern eine Multikulti-Zirkustruppe, Clowns und Freaks, denen Barnum eine Heimat gibt, eine Familie.

Allerdings hat die von Hugh Jackman verkörperte Hauptrolle mit dem historischen Barnum (1810–1891) nichts gemein. Der war ein Ausbeuter, Schwindler, ein Großmaul und Großmogul des frühen Showgeschäfts gewesen, das ganze Gegenteil des Draufgängers, der im Film als ›Greatest Showman‹ die Personifizierung eines toleranten, für alle Menschen offenen Amerikas sein soll. Der Film ist Fake News für die gute Sache, ein schlimmes und zugleich bewegendes Machwerk: Es spendet Trost und gibt den Menschen Kraft, die sich verfolgt und missachtet fühlen. Ein wenig tut das Lucy auch, wenn ich morgens aus dem ›The World's Greatest Elephant‹-Becher mit ihrem Bild trinke und die Nachrichten lese.

Im Jahr 1883, zu der Zeit, als Lucy und die beiden anderen Elefantenhäuser errichtet wurden, weiht New York seine Brooklyn Bridge ein, eine Hauptverkehrsverbindung der großen Stadt am Wasser. Es gibt aber bald Bedenken, ob die Brücke das Verkehrsaufkommen würde tragen können, ob sie wirklich einsturzsicher sei. Da tritt wieder einmal P. T. Barnum in Erscheinung. Im Mai 1884 führt er in einer prachtvollen Parade seine Elefanten über die Brooklyn Bridge, 22 Tiere, angeführt von Jumbo, seinem Superstar. Und das im Dienst der Allgemeinheit! Eine typische Barnum-Aktion: maximales Aufsehen und Werbung für seine Shows. Die *Washington Post* hat Präsident Donald Trump mit Barnum verglichen: Beide seien groß darin, »die Wahrheit zu verdrehen, schamlos zu übertreiben, zu lügen, um Aufmerksamkeit zu erzielen«.

Wie Trump baut Barnum sein Imperium in New York auf. Er beginnt seine Schaustellerei mit kleinwüchsigen und behinderten Menschen, deren Geschichte er frei erfindet, und zweifel-

*Streichelzoo im Regents Park, London 1835.*

haften Sensationen. Er sucht das Risiko und verlegt sich auf spekulative Geschäfte, immer geht es um den Dollar und die Expansion des Unternehmens, das Menschen und Tiere mit einer einzigen Botschaft ins Rampenlicht schiebt: Barnum ist der Größte, und die Leute wollen hereingelegt werden. Das ist seine Philosophie. 1882 kauft Barnum Jumbo und bringt ihn in die USA – der Londoner Zoo verliert mit ihm sein größtes und berühmtestes Tier, den Darling einer ganzen Nation. Jumbos Wechsel nach Amerika empört die Briten, sie fühlen sich in ihrem Nationalstolz verletzt, während Barnum begeistert Nachrichten wie diese an die Presse weitergibt: Er sei von Jumbo-Fans im damals schon schwächelnden Empire mit dem Tod bedroht worden. Jumbos Ankunft in New York wird wie ein

Staatsakt zelebriert. Damit das Tier bei den Menschenmassen und dem Auftrieb nicht in Panik gerät, wird es mit reichlich Whisky und Bier ruhiggestellt.

Jumbo war ein weitgereister Elefant und ist bis heute der berühmteste. Er war von Natur aus ein großes Tier, aber zum Größten hat ihn Barnum gemacht – und der Mythos. Über die Herkunft des Namens gibt es keine Klarheit. Vermutlich kommt er aus dem englischen Slang und bezeichnet schlicht einen unbeholfenen, schwerfälligen Kerl. *Jumbo* kann dann in fast jeder Sprache alles sein, was Stärke repräsentiert, Werkzeuge, Fast Food, der Riesenjet Boeing 747. Jumbo gibt es als Spielzeug und im Kinderlied.

Der Elefant, der zum Synonym für seine Art wurde und mit dessen Namen jeder etwas verbindet, soll um das Jahr 1860 in Ostafrika geboren sein. Als Jungtier kommt er in die Ménagerie du Jardin des Plantes nach Paris, seit 1865 war er in London: Liebling der Kinder, der Königsfamilie, Mittelpunkt des Zoos. Und eine sichere Einnahmequelle. Zu einem Gewicht von fünf Tonnen ausgewachsen und geschlechtsreif, ist er plötzlich ein Sicherheitsrisiko. Hinter dem so unpopulären Verkauf des nahezu heiligen Elefanten steckte die Sorge, den Bullen auf Dauer nicht unter Kontrolle halten zu können. John Sutherland schreibt in seiner Biografie *Jumbo,* dass der Londoner Zoodirektor bereits über eine Tötung des geliebten Riesen nachdenkt, als der verrückte Amerikaner Barnum mit seinem Angebot über 10 000 Dollar auftaucht.

Jumbo hat nur wenige Monate in Freiheit verbracht. Käfige, Schiffe, Häfen, Zoos, das war sein Leben. Zu der Zeit fallen viele seiner Artgenossen den Elfenbeinjägern zum Opfer. Jumbo

*Hier können Familien glücklich sein. Jumbo-Plakat, um 1883.*

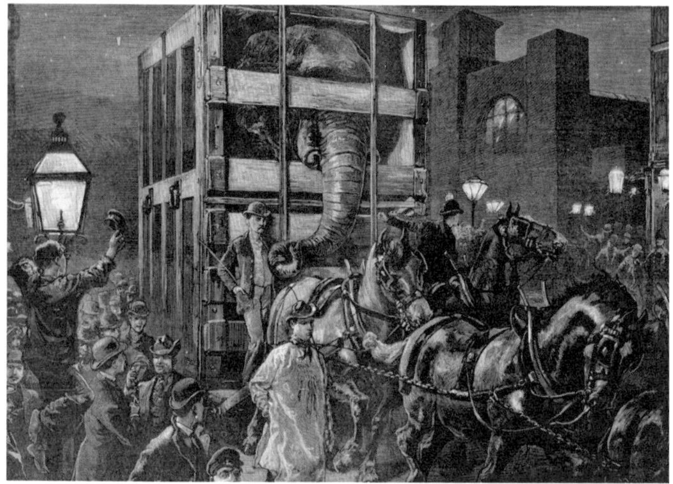

*P. T. Barnum inszeniert Jumbos Reise von England in die USA als Weltereignis, so wie es die Ausgabe vom 1. April 1882 der* Illustrated London News *darstellt.*

gerät in lebenslängliche Gefangenschaft, angewiesen auf seine Pfleger und ihnen ausgeliefert. Der Brite Matthew Scott galt als Jumbos Meister, ihre Beziehung wird als symbiotisch beschrieben. In Amerika lernt das Tier eine für ihn neue Form der Sklaverei kennen: den Zirkus. Und die Zirkuszüge. Drei Jahre tourt die Barnum-Jumbo-Show durch das weite Land und seine Städte. Am 15. September 1885 stirbt Jumbo auf eine Art und Weise, die sich Barnum hätte ausdenken können (und es gab entsprechende Spekulationen). In einer kleinen Stadt in Ontario, Kanada, stößt der Elefant mit einer Lokomotive zusammen. Das Verladen der Zirkustiere ist noch nicht abgeschlossen, oder es wurde tragischerweise zu früh damit begonnen, als der Güterzug heranrauscht. Als zwei Kolosse zusammenstoßen. Jumbos Kadaver ist noch warm, als die Legenden zu sprießen beginnen: Er habe einen kleinen Elefanten retten, von den Gleisen holen wollen und habe sich für seinen Freund geopfert.

Aber die Tour ist noch nicht zu Ende. Teile des toten Helden werden verkauft, sie sollen Glück bringen und Gesundheit. Der tote Jumbo erinnert an ein reich beladenes Handelsschiff, das im Sturm an einer Küste angespült wird, worauf sich alle Welt stürzt, um von der Havarie seinen Teil abzubekommen. Das Skelett wird der Wissenschaft versprochen. Barnum schlachtet den Unfall publizistisch aus, und er lässt Jumbo ausstopfen – dabei wächst das Tier noch einmal überlebensgroß in die Höhe. Mit dem ausgestopften Riesen zieht Barnum eine neue Show auf, die er durch die Städte schickt. Um die Story emotional noch aufzuladen, kauft er aus dem Londoner Zoo die Elefantenkuh Alice dazu, sie wird als ›Jumbos Witwe‹ ausgegeben. Tatsächlich hatten sich Jumbo und Alice, als sie noch in britischer Gefangenschaft lebten, nie ernsthaft angenähert. Matthew Scott, Jumbos Pfleger, hat sich vom Tod seines Tieres nicht mehr erholt. Es gibt Berichte, nach denen Scott und Jumbo nachts zusammen Whisky getrunken und gesungen haben. In seinen letzten Jahren habe Scott Gespräche mit seinem imaginären Freund und Elefanten geführt.

Scotts und Jumbos Geschichte erinnert an eine andere berühmte, viktorianische Biografie – an das Schicksal des Joseph Merrick, des ›Elephant Man‹. Merricks Lebensspanne – er wurde 1862 in Leicester geboren und starb 1890 in London – verläuft parallel zu Jumbos Karriere. Bald nach der Geburt zeigen sich bei Joseph erste körperliche Deformationen, er kann kein normales Leben führen. Er gilt als Monster, als hässliche Ausgeburt, wie sie die Welt noch nicht gesehen hat. Jahrelang wird er auf Jahrmärkten in England und auf dem europäischen Kontinent ausgestellt, ein Star der Freak-Shows, wie sie P. T. Barnum in den USA mit Profit veranstaltete, bis sich der Arzt Frederick Treves des ›Elefantenmannes‹ annimmt. Joseph Merrick bekommt ein Zuhause, und sein Ruhm wächst. Ob es Mitleid ist, Fürsorge, Sensationslust oder eine Kombination von alledem, die vornehme Londoner Gesellschaft zeigt sich gern mit ihm. Kurz vor seinem Tod wird er mit *pomp and circumstances* in eine Theatervorstellung eingeladen. An diesem Abend, so heißt es, habe es den *Gestiefelten Kater* gegeben.

David Lynch zeigt in seinem Film *The Elephant Man* (1980) die offene Brutalität, mit der die Viktorianer dem Schwerbehinderten begegnen. Es gibt eine unvergessliche Szene, die herausragt aus dem in Schwarz-Weiß gedrehten Meisterwerk mit John Hurt, Anthony Hopkins, John Gielgud und Anne Bancroft. Sie spielt im Bahnhof, im Qualm der Lokomotiven. Die Meute verfolgt Merrick bis ins Urinal, treibt ihn in die Enge, drückt ihn an die Wand. Er spricht in Todesangst: »I am not an animal. I am a human being.« Eines Morgens wird Merrick tot in seinem Bett aufgefunden. Er liegt auf dem Rücken, und ein friedlicher Ausdruck liegt auf seinem Gesicht. David Lynch legt nahe, dass Merrick sterben wollte oder dass es ihm in jener Nacht so gut ging, dass er sich vergaß. Aufgrund seiner körperlichen Verkrümmung und des schweren Kopfes durfte er nicht im Liegen, nur in der Hocke, schlafen. Er ist erstickt. Er schläft ein wie ein Mensch und stirbt einen Elefantentod.

*Barnum fiel immer eine neue Nummer ein. Noch mit dem verblichenen Liebling war Profit zu machen, nach 1885.*

In Jumbos Todesjahr wird in Chicago das erste Hochhaus der Welt errichtet, ein Versicherungsgebäude mit zehn Stockwerken. Die USA expandieren in alle Richtungen. Für die Indigenen ist in dem weiten Land kein Platz. Ende Dezember 1890 verübt die US Army am Wounded Knee in South-Dakota ein Massaker. Mehrere hundert Indianer sterben, darunter Frauen und Kinder. Wounded Knee wurde zum Symbol des Widerstands der indigenen Bevölkerung, deren Widerstand dort endgültig gebrochen worden war. Dee Browns Buch *Begrabt mein Herz an der Biegung des Flusses* aus dem Jahr 1970 beschreibt den Prozess der Landnahme der weißen Einwanderer kurz und klar:

> *Es war eine unglaubliche Ära der Gewalt, Habgier, Verwegenheit, Sentimentalität und hemmungslosen Ausschweifung.*

Hunderttausende Indianer fielen dem Genozid zum Opfer. Die wilden Bison-Herden, Nahrungsquelle der Indianer, wurden niedergemacht. In dieser Atmosphäre von Gewalt und Habgier gab es gesteigerte sentimentale Bedürfnisse. Wie die Elefanten wurden die Indianer in Zirkus-Shows gesteckt. Es ist das gleiche Muster: ausbeuten, ausrotten, aufs Podest stellen, die Exotik genießen. Aus dem Namen des ausgeweideten Gegners lässt sich noch Kraft ziehen. Das US-Militär besitzt Tomahawk-Raketen, General Motors hatte den Chevrolet Cheyenne im Programm.

Am 15. Dezember 1890, zwei Wochen vor dem Massaker am Wounded Knee, erschießen im Sioux-Reservat Standing Rock sogenannte Indianerpolizisten den Häuptling Sitting Bull. Er soll seine Leute gegen die Weißen aufgestachelt haben und wird in der Presse als blutrünstig bezeichnet. Die *New York Times* verglich damals Sitting Bulls Ende mit der Erlegung eines bösartigen Elefanten.

## *›Die Wurzeln des Himmels‹: Elfenbein und Menschenrecht*

In Weimar am Markt steht eines der berühmtesten und ältesten Hotels in Deutschland, das Hotel Elephant. Richard Wagner, Franz Liszt, die Bauhaus-Pioniere, Thomas Mann und dann auch Adolf Hitler sind in der 1696 ursprünglich als Wirtshaus begründeten Herberge abgestiegen. Das prägt Weimar: Die Klassik und das nahe gelegene Konzentrationslager Buchenwald. Und Goethe natürlich. Goethe ist der wahre Elefant in Weimar. Überall ist er drauf und drin, alles spricht von ihm und aus ihm, hier hat er Jahrzehnte gut und sicher im Staatsdienst gelebt und sein literarisches Werk geschaffen, kaum dass er in späteren Jahren noch einmal aus dem Herzogtum herauskam. Der Dichter-Elefant im kleindeutschen Porzellanladen wusste sich zu verhalten. Und weil alles und jedes, das Goethe angefasst hat, nach ihm benannt wurde, gibt es auch einen ›Goethe-Elefanten‹. Das aus Indien stammende Tier gehörte dem Hof in Kassel und war jenes Tier, das es den Kamelen auf der Opernbühne nicht hatte gleichtun wollen. 1780 kam es bei einem Unfall ums Leben. Goethe ließ sich den Schädel nach Weimar bringen, wo er Untersuchungen über die Zwischenkieferknochen bei Mensch und Tier anstellte.

Hotel Elephant, das klingt einladend, gemütlich wie exotisch, so wie die Bezeichnung Buchenwald kühl und romantisch anmutet. In Buchenwald wurden Menschen zusammengesperrt, gequält, von den deutschen Nationalsozialisten ermordet. Im

*Darstellung eines Elefantenfangs durch die Khoikhoi in Südafrika, wie es sich der Niederländer Jan Caspar Philips 1727 vorstellt: Wie es in der mit Zweigen bedeckten Grube aussieht, verrät das tiefe Loch im Vordergrund. Eine spitze Stange durchbohrt den Hals des Tiers oder bricht ihm das Genick.*

Konzentrationslager Buchenwald – am Eingangstor stehen die schmiedeeisernen Worte »Jedem das Seine« – endet die Weimarer Klassik und Kultur in der Hölle.

Dabei denke ich an Jorge Semprún, den spanisch-französischen Schriftsteller und Politiker, der in Buchenwald interniert war und das organisierte Sterben überlebt hat. Er hat Weimar später einige Male besucht und von der rettenden Kraft der Kultur gesprochen; davon erzählt er in seinen Büchern. Mitte der neunziger Jahre habe ich ihn bei einem Gespräch im Hotel Elephant erlebt. Auf dem sowjetischen Soldatenfriedhof von Schloss Belvedere wurde ein Theatertext von Semprún aufgeführt, eine nächtliche Séance zwischen den Gräbern. Ich nehme diesen Weg über Weimar, die Stadt der untrennbaren Widersprüche, um zu einem Buch zu kommen, das mit der Unmenschlichkeit der Nazis zusammenhängt, ein Buch, wie es kein zweites über Elefanten gibt, über Elefanten und Menschen: *Die Wurzeln des Himmels* von Romain Gary. Es ist 1956 mit dem Originaltitel *Les Racines du Ciel* in Paris bei Gallimard erschienen und erhielt den Prix Goncourt.

Der Roman, wortreich wie so viele Werke der französischen Literatur, hat seine Schauplätze in Afrika, im Elefantenland. Die breite Erzählung, die sich wie ein Strom mit vielen Nebenflüssen um einen Abenteurer namens Morel bewegt, ist ein einziger Protest und Aufschrei gegen das sinnlose Abschlachten der Tiere, die Wilderei und das Elfenbeingeschäft. Was bei US-Präsident Theodore Roosevelt – er war ein besonders eifriger Elefantentöter – und dem späteren Literaturnobelpreisträger Ernest Hemingway noch als vermeintlich noble Großwildjagd und Selbstverwirklichung kaputter Macho-Typen funktioniert,

*Elefantengeschichten sind Menschengeschichten. Der Schriftsteller und Aktivist Romain Gary im Zoo von Rom, 1961.*

nimmt bei Romain Gary eine überraschende Wendung. Sein Kampf für die Tiere ist ein Kampf um den letzten Rest Menschlichkeit im 20. Jahrhundert, das gezeichnet ist von Weltkriegen, Atombomben und dem Holocaust.

Der 1914 in Wilna geborene Sohn eines jüdischen Uhrmachers, französischer Staatsbürger seit 1935 und danach Pilot bei der Luftwaffe der Exilregierung des General de Gaulle, vollbringt in diesem Roman etwas Ungeheuerliches. Er setzt die Gräueltaten der Nationalsozialisten, die Tötungsmaschinerie in den Konzentrationslagern, in einen Zusammenhang mit dem massenhaften Abschlachten der Elefanten und ihrer drohenden Ausrottung. Wenn Afrikaner Elefanten töten, um ihren Hunger zu stillen, ist das eine Sache; da halten sich die Europäer besser heraus. Etwas ganz anderes ist das Töten aus Habgier und Vergnügen oder Langeweile. Monsieur Morel (der Name erinnert an Moral) geht radikal gegen Elefantenjäger vor. Auf seinem Feldzug brennt er mit seinen Getreuen ein Elfenbeinlager nieder, schießt einen Mann an, als der auf einen Elefanten anlegt, und überfällt eine Party von reichen Weißen, verprügelt dort eine bekannte Großwildjägerin und liest der Kolonialgesellschaft seine Petition zur Rettung der Elefanten vor, die er immer bei sich trägt und von der er Abschriften in alle Welt verschickt. Morel weiß: Er kann nur mit Unterstützung der internationalen Medien etwas ausrichten. Öffentlichkeit ist seine stärkste Waffe. Er versucht die Geschichte umzudrehen und macht Jagd auf die Elefantenjäger:

> *Jedesmal wenn man ihnen im Steppengebiet begegnet und sieht, wie sie ihre Rüssel und großen Ohren bewegen, muss man lächeln, ob man will oder nicht. Gerade ihre Ungeschicklichkeit, ihre gigantische Größe, verkörpert in so ungeheuren Ausmaßen die Freiheit selbst, dass man zu schwärmen beginnt. Im Grunde genommen sind es die letzten wirklichen Individuen.*

Darin liegt Romain Garys Kerngedanke. Die politischen Ideologien, die fortschreitende Industrialisierung und Verplanung der Welt, all das will einen neuen Menschen formen, der nicht mehr frei ist. Die Elefanten – nach Jahrhunderten und Jahrtausenden der Verfolgung – sind von den globalen Veränderungen durch den Fortschritt zuerst und besonders hart betroffen. Wenn ihre Freiheit und natürliche Umgebung daran glauben müssen, gibt es für den Menschen kaum mehr Hoffnung. Wenn die »Wurzeln des Himmels« abgeschnitten sind, ist es aus.

*Aussterbendes Motiv. Elefanten auf der Wanderung, von Friedrich Wilhelm Kuhnert (1865–1926). Kuhnerts meist großformatige Afrika-Gemälde waren im 19. Jahrhundert weit verbreitet und prägten*

*das Bild des Kontinents – oft klischeehaft. Kuhnert tötete die Tiere, um sie besser malen zu können, und er nahm auf Seiten der deutschen Kolonialtruppen an Kampfeinsätzen teil.*

Morels Philosophie steht aber auch den Ambitionen jener jungen Afrikaner entgegen, die für die Unabhängigkeit von den Kolonialmächten streiten und ihr Land schnell in die Moderne führen wollen, heraus aus der Natur- und Wildtierromantik. Morel kämpft an vielen Fronten:

> *Er verteidigte einen Raum, der allem Zuflucht bot, was weder einen nützlichen Ertrag abwarf noch wirkungsvolle Leistung aufwies, was aber als unvergängliche Sehnsucht in der Seele der Menschen lebte. Das hatte er hinter dem Stacheldraht der Konzentrationslager gelernt.*

An anderer Stelle, bei der Begegnung mit einer Elefantenherde und ihrem »herrlichen Lärm«, heißt es in dem verrückten Buch:

> *Es genügte, sich diesen uralten Erden-Donner anzuhören, es genügte, einmal bei diesem lebendigen Erdrutsch dabei zu sein, um zu begreifen, dass es unter uns für diese Freiheit bald keinen Raum mehr geben würde.*

Das Geniale und Schockierende ist, wie Morel zu seiner Weltsicht kommt. Er war bei der Résistance. Er war im KZ. Im Lager lernt er einen stolzen Mann namens Robert kennen. Als Robert wider Erwarten nach einem Monat aus der Einzelhaftfolter zurückkehrt, erzählt er von seinem unwahrscheinlichen Überlebenstraining:

> *Wenn ihr es nicht mehr aushaltet, macht es wie ich. Denkt an Elefantenherden in Freiheit, die das weite Afrika durchqueren, Hunderte und Hunderte von prachtvollen Tieren, die nichts*

*behindern kann, keine Mauer, kein Stacheldraht, die sich quer durch die großen, freien Räume wälzen und alles auf ihrem Weg niederbrechen und überrennen, und solange sie am Leben sind, kann nichts sie aufhalten – mit einem Wort, denkt an die Freiheit selbst!*

Die Rettung der Tiere ist ein Ringen um Menschenwürde. Romain Gary hatte eine Tendenz zur Kolportage, und sein Machismo ist nicht zu unterschätzen. Aber wer sich durch Stapel von wissenschaftlicher Elefantenliteratur, Elefantenromanen, Abenteuergeschichten liest, wird sehen: Nichts hat die poetische und intellektuelle Kraft von Romain Gary und seinem Elefantenkosmos. Wer würde ihm nicht zustimmen, wenn er erklärt:

*Nein, liebes Fräulein, ich fange die Elefanten nicht. Ich begnüge mich, unter ihnen zu leben. Ich verbringe ganze Monate damit, ihnen zu folgen und sie zu studieren. Sie zu bewundern. Um ihnen die Wahrheit zu gestehen, ich würde wer weiß was geben, selbst einer von ihnen zu werden.*

In einem *Brief an den Elefanten* hat Gary 1968 seine Sicht der Welt noch einmal drastisch zusammengefasst. Es ist ein rares Manifest radikaler Subjektivität, die sich in den Dienst der Allgemeinheit stellt:

*Im Verlauf Tausender Jahre sind Sie wegen Ihres Fleisches und Ihres Elfenbeins gejagt worden, aber es ist der zivilisierte Mensch, der auf die Idee kam, Sie zum Vergnügen zu töten und aus Ihnen eine Trophäe zu machen. Alles, was es in uns an Schrecken, Frustration, Schwäche und Ungewissheit gibt, scheint eine neuro-*

*tische Stärkung darin zu finden, das mächtigste aller irdischen Wesen zu töten* [...] *Natürlich gibt es Menschen, die behaupten, dass Sie zu nichts nütze seien, dass Sie die Ernten in einem Land ruinieren, wo der Hunger wütet, dass die Menschheit schon genug Überlebensprobleme hat* [...]. *Das ist genau die Art von Argumenten, die die totalitären Regime benutzen, von Stalin über Hitler bis Mao, um zu beweisen, dass eine wirklich rationelle Gesellschaft sich den Luxus der individuellen Freiheit nicht erlauben kann. Auch die Menschenrechte sind eine Art Elefanten.*

Elfen helfen hier nicht. ἐλέφας ist das griechische Wort für Elfenbein und Elefant, das Tier wird gleichgesetzt mit dem für Menschen kostbaren Stoff, den es in Form seiner Stoßzähne mit sich herumträgt, seine starke Waffe und zugleich das eigene Todesurteil. Elfen-Bein, das heißt eigentlich Elefanten-Knochen, wobei es sich um kalziumhaltiges Material handelt; in der Antike bei den Römern soll Elfenbein als eine Art Zahnersatz benutzt worden sein. Es ist das älteste Kreativmaterial der Menschheit, neben Stein und Holz. Kleine Skulpturen von Menschen und Tieren aus Mammut-Elfenbein haben ein Alter von 30 000 bis 40 000 Jahren. Afrikanisches Elfenbein von Savannenelefanten hatte bereits um 2000 v. Chr. Abnehmer in Ägypten, Phönizien, Mesopotamien, denn es ist besonders weich – flexibler und heller als asiatisches Elfenbein – und daher gut für die Schnitzer zu verarbeiten. Elfenbein, wie Gold und Edelstein, genoss offenbar schon seit jeher Kultstatus. Es dient als Machtsymbol, symbolisiert Reichtum und Würde. Um 300 v. Chr., in alexandrinischer Zeit, sind von Nordafrika ausgehende Expeditionen in den Süden zur Elefantenjagd doku-

*Machismo à la mode. Herzog Ernst von Sachsen-Coburg-Gotha bei der Elefantenjagd in Äthiopien. Gemälde von Carl Trost, 1858.*

mentiert. Araber und später die Portugiesen kontrollierten den Handel in Ostafrika, über Sansibar und Mombasa. So elegant Schmuckstücke, Reliefs, Statuen, Gefäße und Reliquienschreine aus Elfenbein erscheinen: Ihre Herkunft ist blutig und von

Brutalität und Gier gekennzeichnet. Hunderttausende Elefanten starben, nachdem sich die Engländer und die Holländer in den Elfenbeinhandel einmischten.

Immer weiter drangen die Jagdtrupps von den Handelsposten an der Küste ins afrikanische Landesinnere vor, um Elefantenherden abzuschlachten. Träger schleppten die wertvolle Last über viele hundert Kilometer zu den europäischen Schiffen. Bald entwickelt sich eine andere Transportmethode, die wirft doppelten Gewinn ab. Die Träger wurden nicht mehr angeheuert und bezahlt, sondern die Handelsgesellschaften machen die Elfenbeinträger zu Sklaven. So gelangten sie nach dem Marsch, wenn sie ihn denn überstanden hatten, an die Küste, wo sie verkauft und verschifft wurden. Menschen wie Elefanten waren zum nachwachsenden Rohstoff geworden, eine Handelsware, eingesammelt in blutiger Ernte. Sklaverei und Elfenbeingeschäft gehen Hand in Hand. Afrikanische und arabische Händler und ihre Mittelsmänner verdienten große Vermögen mit dieser Komplettverwertung der Ressourcen, wie Keith Somerville in seinem Buch *Ivory – Power and Poaching in Africa* ausführlich schildert. Elfenbein bringt auf dem Weltmarkt so viel ein, dass der Verlust von Menschenleben bei der Elefantenjagd und auf den langen, mühseligen Wegen Richtung Europa und Amerika keine Rolle spielt.

Ägyptische, sudanesische, omanische Händler errichteten Imperien, um den Bedarf am Luxusgut Elfenbein zu decken. Sie durchkämmten den Kontinent nach dem weißen Gold, bauten eine mörderische Logistik auf. »Sansibar wurde weltweite Drehscheibe für den Handel mit Elfenbein und mit Sklaven«, schreibt David van Reybrouck in *Kongo* (2010), dem Standard-

*Dieser Rohstoff wächst nicht nach. Ein Singalese zerlegt die Beute, 1785.*

werk zur europäischen Kolonialgeschichte, speziell Belgiens. Dessen König Leopold II. tat sich als besonders skrupelloser Ausbeuter hervor. »Elfenbein kann als der Kunststoff jener Ära bezeichnet werden«, stellt Martin Meredith in *Der afrikanische Elefant. Eine Biografie* aus dem Jahr 2001 fest. Spiele, wissenschaftliche Instrumente, Möbel, Schmuck, Knöpfe, Pfeifen, Griffe und Knäufe jeder Art, Billardkugeln, Klaviertastaturen – all das wird in den jungen Industriestaaten aus Elfenbein gefertigt. Martin Meredith hat ausgerechnet:

> *Die Elfenbeinmenge, die benötigt wurde, um mit dem weltweiten Bedarf Schritt zu halten, war gewaltig. In den 60 Jahren von 1850 bis 1910 importierte Großbritannien im Durchschnitt*

*Die ganze Welt gierte danach. Karawanenträger bringen Elefantenstoßzähne nach Sansibar, um 1900 ein internationaler Handelsplatz mit indischen, arabischen und europäischen Kaufleuten.*

*500 Tonnen Elfenbein im Jahr. Ende des 19. Jahrhunderts lag der weltweite Verbrauch bei rund 1000 Tonnen. Für die Elefanten bedeutete dies nach zeitgenössischen Schätzungen, dass jährlich 65000 Elefanten getötet wurden, um die Nachfrage zu befriedigen.*

Allein 1913, schreibt Meredith, »wurden in den Vereinigten Staaten fast 200 Tonnen Elfenbein für die Herstellung von Klaviertasten verarbeitet.« Präsident Abraham Lincoln kannte die enge Verbindung von Sklavenwirtschaft und Ausbeutung der Tiere. Als ihm der König von Siam, dem heutigen Thailand, 1861 ein Elefantenpaar als Geschenk senden wollte, lehnte er höflich ab und verwies auf das für die Elefanten ungünstige Klima in den USA.

Das Sterben erreichte nach dem Zweiten Weltkrieg einen neuen Höhepunkt. Tierschützer vermuten, dass es in Zusammenhang steht mit dem Ende der Kolonialzeit und der darauf folgenden Unabhängigkeit vieler afrikanischer Staaten. Elfenbein bringt nach wie vor Geld, und Naturschutz stand auf der Prioritätenliste der neuen Machthaber nicht ganz oben. In den frühen sechziger Jahren entspannt sich die Lage ein wenig. Iain Douglas-Hamilton und Cynthia Moss – und später Joyce Pool mit ihrer Elefantenfamilie im Amboseli-Nationalpark in Kenia – begründen in Afrika eine neue Elefantenwissenschaft und Elefantenhilfe. Sie betreiben ausgedehnte Feldforschung, folgen den Tieren über Monate und Jahre und erreichen mit ihren Filmdokumentationen und Büchern weltweit ein Millionenpublikum. 1993 gründete Douglas-Hamilton die Non-Profit-Organisation *Save the Elephants.* Saba Douglas-Hamilton, seine 1970 in Kenia geborene Tochter, folgt ihrem Vater nach, dreht Fernsehfilme, kämpft leidenschaftlich für die Tiere. Elefanten sind für sie soziale Wesen,

*Sie brauchen Liebe und Sicherheit, sie sind intelligent und haben ein Bewusstsein von sich selbst, sie empfinden Trauer und Mitleid.*

Sie spricht von einem drohenden »elephant holocaust«. Wenn man das überhaupt so nennen darf, dann hat es ihn längst gegeben.

Über fünfzig Jahre sind seit Romain Garys *Lettre à l'éléphant* vergangen, und die Situation der Elefanten in Afrika ist nach wie vor dramatisch. Trotz weltweiter Schutzmaßnahmen und Elfenbeineinfuhrverboten sterben jährlich Zehntausende Elefanten wegen des Milliardengeschäfts. Die Schätzungen bleiben ungenau, und darin liegt ein Teil des Problems. Zwischen 2009 und 2017 verloren in Afrika und Asien 740 Ranger im Dienst für die Wildtiere ihr Leben. Wilderer schießen Elefanten, Nashörner, Löwen, Tiger, und sie bringen Menschen um, die sich ihnen in den Weg stellen. So wie die Ranger auf die Wilderer schießen: Allein im Kaziranga National Park in Nordindien wurden in den letzten Jahren fünfzig Wilderer von den Wächtern getötet.

Das Washingtoner Artenschutzabkommen von 1973 – es umfasst 30 000 Pflanzen- und 5 600 bedrohte Tierarten – lässt sich in der Praxis schwer umsetzen. In Südafrika und anderen Ländern wurde die Überwachung der Parks mit Drohnen eingeführt, Wilderer werden mit Hightech-Ausrüstung gejagt. Bei einem Treffen der 29 Staaten umfassenden African Elephant Coalition (A. E. C.) im Sommer 2018 in Addis Abeba wurde die Schließung sämtlicher Elfenbeinmärkte gefordert, einschließlich der legalen. Sie sind von Kriminellen und Wilderern infiltriert. In Indien, vor allem im Süden des riesigen Landes, sieht es nicht besser aus. Der Schwarzmarktpreis für Elfenbein wird auf bis zu 2000 Euro pro Kilo geschätzt. Große Hoffnungen für die Zukunft knüpfen sich an Chinas Politik. Seit 2018 ist auf dem bis dahin größten Elfenbeinmarkt jeglicher Handel mit Elfenbein und Elfenbeinprodukten verboten. Mit neuen forensischen Methoden lassen sich die Handelsrouten von Elfenbeinschmugglern verfolgen. Die DNA aus konfiszierten Stoßzähnen wird mit einem umfangreichen Genpool von Elefanten aus ganz Afrika abgeglichen. Damit grenzen die Ermittler die Herkunft ein und kommen den Verbrechern auf die Spur. Solche Nachrichten machen etwas Hoffnung.

*Spiel mir das Lied vom Tod. US-Zirkusplakat, 1899.*

## *Im Zoo Leipzig*

Das amerikanische Großzirkusunternehmen Ringling Bros. and Barnum&Bailey kündigte zum Ende des Jahres 2016 seinen Verzicht auf Elefantennummern an. Eine lange und grausame Geschichte des Zuschauens und Wegschauens findet ein Ende, indem der Zirkus ohne Elefanten tourt. Die erste Elefantenshow in den USA datiert aus dem Jahr 1805, um 1900 gab es sogar eine Elefanten-Baseball-Liga. Tierschützer haben immer wieder die unhaltbaren Zustände bei den Zirkuselefanten angeprangert, die brutalen Methoden der Zurichtung, die aus den wilden Tieren angeblich zahme Riesen für putzige Tricks machen. Gequälte, eingesperrte Zirkuselefanten sind höchst gefährlich, denn sie neigen verständlicherweise dazu, auszubrechen und alles niederzuwalzen, was sich ihnen in den Weg stellt. Es ist kein Scherz, dass Elefanten Angst vor Mäusen haben. Angekettet und zusammengepfercht auf engstem Raum, leiden Zirkuselefanten unter Mäuseattacken. Die Nager, oft eher Ratten als Mäuse, verbeißen sich in die Elefantenfüße. Nun bald nicht mehr: Nicht nur viele amerikanische Städte und Bundesstaaten, sondern auch einige asiatische und europäische Länder verbieten mittlerweile wilde Tiere im Zirkus. Noch weiter geht der Circus Roncalli. Dort treten seit 2018 nur noch virtuelle Tiere auf: Pferde, schwebende Fische und Elefanten als Hologramm.

Der neue Großzirkus ist im Internet. Tiervideos zeigen lustige, skurrile, unwahrscheinliche Begegnungen und Situationen, sie machen gute Laune am Arbeitsplatz. Tiere zeigen Tricks wie einst im Zirkuszelt, jetzt allerdings in der Privatwohnung oder im Garten. Aber auch hier werden Tiere oft benutzt und missbraucht für einen schnellen Gag: der Hundebesitzer, die Katzenfrau ist der Dompteur. Tierschützer warnen davor, Tiervideos in den sozialen Netzwerken bedenkenlos zu teilen. Es geschieht millionenfach. Und anonym. Eine Ziege springt auf ein Pferd. Eine Katze kämpft mit einem Plattenspieler. Ein Hund frisst Seifenblasen. Eine Katze erschrickt vor einer Gurke, ein Hund wird beim ›Schlafwandeln‹ gefilmt. Viele solche Videos, mögen sie auch kurz sein, grenzen an Tierquälerei, die Tiere werden aus reinem Unterhaltungsbedürfnis der Menschen einer Situation ausgesetzt, die ihrer natürlichen Lebenswelt nicht entspricht. Meist geht es um Haustiere, sie sind die Klick-Monster im Netzzirkus. Viele Menschen schauen sich das mal schnell nebenbei während der Arbeit an, im Büro. Katzenfilmchen heben die Stimmung, liefern angenehmen Gesprächsstoff.

Elefantenvideos werden ebenfalls millionenfach aufgerufen. Da wird es familiär, wackeln süße Elefantenbabys ins Bild, am liebsten mit Henry Mancinis *Elephant Walk* aus dem Hollywoodfilm *Hatari!* auf der Tonspur. Eine Elefantenkuh hilft ihrem Kleinen über die Straße – gefilmt aus einem Safarifahrzeug. Die Familie hält zusammen, und der kleine Elefant ist so unglaublich süß. Den Kommentaren aus dem Off nach zu urteilen, kommt es für viele Menschen einer Sensation gleich, weckt die Beobachtung solcher Szenen immer dann Gefühle von hoher Intensität, wenn die Tiere sich so verhalten, wie es ein Mensch in vergleichbarer Lage tun würde.

Wenn Tiere scheinbar menschlich handeln, macht es die Menschen offenbar glücklich. Aber warum um alles in der Welt sollte eine Elefantenkuh ihr Kalb am Straßenrand zurücklassen? Wie käme sie dazu? Wieso halten die Menschen die Natur für grundsätzlich brutal? Haben wir uns denn so weit von dem abgesetzt, was wir Natur nennen? Das Video mit dem chinesischen Elefantenbaby, das einen matschigen Hügel hinunterrutscht, habe ich etliche Male zugeschickt bekommen, mit dem Zusatz: »Happy New Year!« Ich bin mir nicht sicher, ob der kleine Elefant die Rutschpartie genossen hat, vielleicht hatte er Angst. Aber es sah so lieb aus, der ›gute Rutsch‹ ins Neue Jahr war ein Hit, und keiner hat Schaden genommen. Eines verbindet den Tierzirkus im Internet mit dem alten Zirkusgeschäft: Der User schaut nicht hinter die Kulissen. Und im Netz erscheint alles zugleich ganz nah und in indifferenter Distanz zugleich.

Die afrikanische Elefantenkuh Tyke – ihr Name erinnert an das griechische Wort ›tyche‹, die Göttin des Schicksals – wurde zum Symboltier für das Zirkuselend. Im April 1993 bricht sie in Pennsylvania aus einer Zirkusvorstellung aus und verursacht einigen Sachschaden. Im Juli desselben Jahres verletzt sie in North Dakota auf einem Rummelplatz einen Betreuer schwer. Ihr Ende findet sie im August 1994 nach einer Show in Honolulu, Hawaii. Sie tötet ihren Trainer und bricht aus in die Stadt. Die Hetzjagd ist in dem Film, der ihren Namen trägt, dokumentiert. *Tyke* zeigt, wie der Elefant eine halbe Stunde lang durch die Straßen läuft, Panik verursacht und erst nach 86 Gewehrschüssen tot zusammenbricht. Die selbst recht militant auftretende Tierschutzorganisation PETA hat Tykes Horrorgeschichte dokumentiert.

*Warum machen sie das? Eine Elefantengruppe in der Zirkusarena, der Betrachter ist ratlos.*

Der traditionelle Zirkus stirbt vor den Elefanten. Moderne Zoos bekommen als sicheres Rückzugsgebiet und Forschungsstelle über Wildtiere mitten in unseren Städten eine immer größere Bedeutung. Als Kind erlebte ich es umgekehrt, ich fand, dass Elefanten im Zoo traurig aussahen – wie sie hin und her schwankten auf staubigem Gelände hinter dem Wassergraben und auf die Fütterungszeiten warteten. Wie lustig verspielt und lebendig erschienen mir dagegen die Elefanten im Zirkus. Sie zeigten ihre Kunststücke, schienen dabei zu lächeln und wurden mit Applaus belohnt. Offensichtlich habe ich ahnungslos das Vergnügen, das sie mir bereiteten, mit ihrem Wohlsein gleichgesetzt.

Ich habe Tiere immer geliebt und ihre Nähe gesucht. Aber es braucht eine Menge Lebenserfahrung, um diese Liebe über das Instinktive hinaus mit den Lebensbedingungen der Tiere abzugleichen. Ist es nicht auch so bei einem Menschen, den man liebt? Wie lange dauert es, ihn oder sie ein wenig besser zu verstehen, von seiner oder ihrer Seite? Und wie oft gelingt das nicht, und es ist zu spät, und das Liebesverhältnis zerbricht, weil die Verhältnismäßigkeit nicht gegeben ist?

Auf der Suche nach einem guten Ort für Elefanten bin ich im Zoo Leipzig gelandet. Der Mitteldeutsche Rundfunk produziert dort seit 2003 *Elefant, Tiger & Co.* Aber diese Fernsehserie schreckt mich mit ihrer gespielt naiven, gemütlichen Art, die Tiere in ihrem angeblich so menschlichen Alltag zu beschreiben, eher ab. Leipzig hat mehr zu bieten. Die Anlage präsentiert sich als ›Zoo der Zukunft‹ und nimmt auf der international anerkannten Zoo-Rangliste, im sogenannten Sheridan-Ranking, den ersten Platz in Deutschland und den zweiten in Europa ein, an erster Stelle steht der Tiergarten Schönbrunn in Wien.

In Leipzig verbindet sich ein populärer, pädagogisch ausgerichteter ›Erlebnispark‹ mit den Bedürfnissen der Tiere. Der Elefantentempel ›Ganesha Mandir‹ ist ein industrieromantischer Klinkerbau, der auf die 1920er-Jahre zurückgeht – damals hieß er das ›Dickhäuterhaus‹, Flusspferde lebten dort neben den Elefanten. Die Anlage von insgesamt 7500 Quadratmetern wurde 2006 nach lange währenden Umbauten und Modernisierungen neu eröffnet. Die Besucher können die Tiere nun auf der Lauffläche außen und im Innenraum betrachten. Die Tiere werden regelmäßig gebadet und in den Boxen medizinisch betreut. Auf die acht asiatischen Elefanten kommen sechs Pfleger. Am ›World Elephant Day‹, dem 12. August, zeigt mir Robert Stehr, der Chefpfleger der Elefanten, sein Reich. Er ist Anfang vierzig und arbeitet seit 2000 im Leipziger Zoo. Der Mann strahlt eine große Ruhe aus, Professionalität und Demut. Und Stolz. In Leipzig wird die ›Hands-on-Methode‹ praktiziert, auch als ›Free Contact‹ bezeichnet. Die Pfleger haben unmittelbare Berührung mit den Tieren, und die Distanz, die sich durch den Größenunterschied ergibt, wird durch etwa zwei Meter lange Bambusstangen überbrückt. Andere Zoos arbeiten im ›Protected Contact‹ mit den Elefanten: Zwischen Pfleger und Tier ist dann immer eine Absperrung.

»Man muss den Elefanten lesen können«, sagt Robert Stehr. »Es gibt bei ihnen, wie bei Menschen, Neid und Eifersucht, Angst, Unsicherheit und Hierarchie.« Ein Elefant, der zu seinem Pfleger Vertrauen hat, zeigt ihm, wenn er sich verletzt hat, lässt es zu, dass eine Krankheit behandelt wird. Die Kommunikation steht bei der Betreuung an erster Stelle. Ein Leipziger Elefant kennt zwanzig bis dreißig Kommandos: Fuß heben, vorwärts- und rückwärtsgehen, sich auf die Seite legen, Kopf heben, Rüssel geben, Maul aufmachen … Die Kommandos dienen als Vorbereitung für medizinische Behandlungen und betreffen nur natürliche Bewegungen. Das ist für mich eine faszinierende Lehrstunde auf dem Gummifußboden im Elefantenhaus, der weich ist wie Waldboden und die Gelenke der schweren Tiere schont: Der geregelte Umgang mit den Elefanten dient der Prophylaxe, im besten Fall der Schwangerschaftsbegleitung und Geburtsvorbereitung im Zoo. Wenn sich ein Tier am Fuß verletzt, was auch in der freien Natur nicht selten geschieht, kann es im Elefantenhaus nur behandelt und von seinen Schmerzen

*Man kann voneinander lernen. Elefantendressur 1629.*

befreit werden, wenn es gelernt hat, sich ruhig gegenüber dem Helfer zu verhalten. Darauf zu vertrauen, dass er nichts Böses vorhat. Das Training hat seine Tücken. Elefanten sind in der Lage, eine Verletzung, einen schlimmen Fuß zu simulieren, um sich vor dem Unterricht zu drücken.

»Elefanten leben von Tag zu Tag«, sagt Robert Stehr, »und die Pfleger müssen für die Tiere weit vorausplanen und ihre Bedürfnisse stillen.« So weit das in Gefangenschaft möglich ist.

*Menschen, Tiere. Perversionen. Hagenbeck inszenierte sogenannte Völkerschauen, 1900 die »Indische Carawane«.*

Dazu gehört die mentale Beschäftigung – durch Spiele und das Verstecken von Futter. Wenn für alles automatisch gesorgt ist, verkümmert der Geist. Die Tiere wollen beschäftigt sein. Sie fressen hier eine ausgewogene Nahrung: Wiesenheu und Luzerne, Laubholz, Karotten, Äpfel, Salz und Mineralstoffe – und nicht zu viel Brot. Es macht dick, wie ich erfahre. Elefanten im Zoo bekommen eine Art Diät, damit sie nicht dicker werden, als sie ohnehin schon sind. In Mae Sapok haben wir morgens mit der Machete Elefantengras für unsere Tiere geschnitten, ein bambusähnliches Schilf mit dicken Stängeln, sie fressen es besonders gern. Es ist eine Lebensaufgabe, ein Traumberuf, Elefantenpfleger im Zoo zu sein. Mensch mit Elefant, mitten in der großen Stadt, der Stadt der Messe und der Buchkunst. Hinter den Mauern des ›Ganesha Mandir‹, dieser indischen Elefanten-

Oase, ragen Leipziger Bürgerhäuser. Ein Gastwirt eröffnete 1878 hier einen privaten Park mit wilden Tieren, die der Hamburger Tierhändler Carl Hagenbeck lieferte. Hagenbeck veranstaltete ab 1875 auch sogenannte Völkerschauen, mit Menschen aus Lappland, Afrika, Südostasien und Nordamerika. In Europa verschwanden diese von verschiedenen Unternehmen geführten ›Human Zoos‹ erst 1940 mit dem Zweiten Weltkrieg.

Elefanten gibt es in Leipzig seit 1921 ohne Unterbrechung. Verstehen sie Sächsisch? Ein Elefant lernt seine Kommandos in der jeweiligen Landessprache, auf Burmesisch zum Beispiel. Wahrscheinlich kommt er dort auch mit dem Englischen in Berührung. Wenn ein Elefant aus Thailand oder Burma in den Prager Zoo kommt, wo die Pfleger die Kommandos auf Englisch mit tschechischem Akzent geben, wird er sich daran gewöhnen. Geht die Reise weiter nach Leipzig, in ein neues Domizil, dann hört das Tier die Kommandorufe mit sächsischem oder Berliner Akzent, je nach Herkunft des Betreuers. Dieser muss also vor allem ein sauberes, verständliches Englisch sprechen – oder Burmesisch. Es klingt wie babylonische Sprachverwirrung, aber worauf soll sich ein durch die Welt geschicktes Tier verlassen, was soll es verstehen, welchen Kommandos folgen? Nicht anders ist es bei kleinen Menschen: Mein Sohn ist zweisprachig aufgewachsen, mit amerikanischem Englisch, der Sprache der Mutter, und Deutsch. Und er bekam deshalb Probleme in der internationalen Grundschule, in der amerikanische Aussprache verpönt war und britisches Englisch gesprochen wurde.

Aber auch die Sprache der Elefanten hat ihre eigenen Regeln und Ausnahmen. Ein afrikanischer Elefantenbulle im Zoo von

Rom soll nach Auskunft seiner Pfleger im Gehege von zwei asiatischen Elefantenkühen deren hohe Zwitschertöne übernommen, demnach eine Fremdsprache erlernt haben. Es kommt bei der Elefantenhaltung im Zoo auf die eingeübten Möglichkeiten verbaler Verständigung an, auf wenige Silben, mit denen der Pfleger dem Tier gegenüber eine klare Ansage macht. Er muss seine Dominanz bekunden, um seine Arbeit erledigen zu können. Missverständnisse lassen sich nie ausschließen. Vor einigen Jahren kam es zu einem Zwischenfall, als Robert Stehr eine Elefantenkuh ins Freie führte und ins Stolpern kam; er spricht darüber nicht gern. Das Tier erschrak über die plötzliche Bewegung, verletzte den Betreuer leicht und lief davon. Er musste kurz im Krankenhaus behandelt werden. Die Leipziger Volkszeitung meldete: Das etwa 30 Jahre alte Tier sei »ebenfalls wohlauf«.

## *Kinderbücherelefanten – eine unwahrscheinliche Liebe*

Elefanten unterhalten eine geheimnisvolle Beziehung zur Kindheit. Mein zweites Kuscheltier – das erste, ein Bär, hielt den kindlichen Zärtlichkeiten nicht lange stand – war ein Elefant. Ich bekam ihn, als ich drei Jahre alt war. Er befindet sich heute, wenn ihn die Mäuse nicht gefressen haben, in einem Koffer im Keller, zusammen mit einem kleinen, nicht weniger abgewetzten Tiger aus jener Zeit. Vielleicht war ich damals schon ein wenig älter, aber es gibt niemand mehr, den ich fragen könnte, wie Tiger und Elefant zu mir gekommen sind. Heute begegnen wir einander nicht mehr, es ist besser, die Kindheit ruhen zu lassen; wenn sie es will, holt sie uns ohnehin ein und stellt Fragen, die schon tausendmal beantwortet wurden, wenn auch nie zufriedenstellend. Ich erinnere mich, wie ich als kleiner Junge den Elefanten nachts unter die Bettdecke nahm, um ihn vor einem Sturm zu schützen, der, wie ich mir einbildete, mit einer gewissen Regelmäßigkeit in meinem Kinderzimmer tobte. Vielleicht hat auch er mich beschützt.

Ich muss doch noch einmal zurück in die dämmrige Zeit der einstelligen Geburtstage, zurück in die Elefantenkinderwelt, zu Babar und dem Dschungelkind Mogli mit seinem Elefantenfreund Junior und dem Elefantenoberst Hathi und zu dem nervigen Töröóö-Getröte der Benjamin-Blümchen-Kassetten, die unsere Kinder eine Zeit lang so gern im Auto hörten. Das alles lässt sich ohne größere Mühe und dann auch mit einigem

*Zeichen der Empathie: Zeichnung von Franz Marc, dem Maler der Tiere, 1907.*

Vergnügen hervorholen, es war wohl nie allzu tief verschüttet. Ohnehin wäre es sinnvoll, wenn auch schwierig, die lange Reihe von Büchern wieder einmal zu lesen, die nach den sogenannten Kinderbüchern kamen, sich möglicherweise auf sie bezogen. Die eigene Lese-Biografie ist chaotisch, zufällig. Kinderbücher dagegen stehen an deren Anfang und schienen absolut, unbestechlich in ihrer natürlichen Autorität. Ich las sie zum Teil mehrmals. Danach eröffnete sich das Reich der Literatur. Kinderbücher waren etwas, das man hüten konnte wie einen Schatz, und niemand machte einem diesen Besitz streitig.

Aber was, wenn das gar keine Kindergeschichten waren, sondern niedlich verpackte Horrorstorys? Enthalten diese Kindheitsbegleiter nicht schon die ›ganze‹ Geschichte, Rassismus, Kolonialismus, die drohende Auslöschung der Tiere? Und ist nicht überhaupt das Genre Kinderbücher eine eigenartige Tarnung? Der Wiener Schriftsteller Felix Salten wurde mit *Bambi – Eine Lebensgeschichte aus dem Walde* (1923) weltberühmt. Ein Klassiker, wie man so sagt. Salten wird auch der Roman der minderjährigen Prostituierten *Josefine Mutzenbacher* zugerechnet, der vor Missbrauchsgeschichten strotzt. 1931 publizierte er *Freunde aus aller Welt*, einen Roman, der im Zoo spielt und in dem ein junger, offensichtlich depressiver und tierliebender Mann auf ungeheuerliche Weise den Tod sucht und findet. Er wird im Elefantengehege entdeckt: Was von ihm übrig ist, hängt zerquetscht an den Gitterstäben. Der Elefant galt als überaus friedlich. Der Tierfreund muss ihn, so wird vermutet, provoziert haben. Selbstmord, Dummheit, fatales Missgeschick? Soll das Tier jetzt büßen?

> *»Erschießen?«, fragt der Zoodirektor. »Wenn es sein muß, dann freilich! Aber nur, wenn es sein muß. Und dann ist es furchtbar genug. Ebenso furchtbar beinahe, wie früher die Hinrichtung eines Mörders.«*

Und er fügt hinzu:

*»Für mich war das jedesmal erschütternd, weil solch ein Geschöpf, nur von unserem Menschenstandpunkt betrachtet, verurteilt wird und weil es von Natur immer unschuldig ist. Immer unschuldig!«*

Die Elefantengeschichte ist auch hier eine Menschengeschichte, und wie so oft im Extrem.

Grimms Märchen versetzten mich in Panik. Schneewittchen scheintot im Glassarg, ein vergifteter Apfel? Hätte ich mich damals artikulieren können, hätte ich vielleicht gesagt: »Das ist keine Geschichte für Kinder.« Ich musste weinen, hielt mir die Ohren zu, und mein Vater las weiter, las lauter. Dies gilt dann wohl für viele ›klassische‹ Kinderbücher: Sie haben ein zweites Gesicht, es ist ihr eigentliches Leben, von dem Kinder oft nichts ahnen. Das herrliche Buch *Alice im Wunderland* schrieb ein Mann namens Lewis Carroll, der eigentlich C. L. Dodgson hieß und kleine Mädchen in erotischen Posen fotografierte. Im ›Wunderland‹ wimmelt es von fabelhaften Viechern, auch ein paar Elefanten kommen vor.

Rudyard Kiplings *Dschungelbuch* lernte ich, wie so manches andere, erst durch das Kino kennen. So gehört *Das Dschungelbuch* zu meinen frühesten Kulturerlebnissen. Es war, wie ich heute weiß, der letzte Film, den Walt Disney 1966 noch selbst produzierte; er starb noch vor der Fertigstellung. Balu, der Bär, war meine Lieblingsfigur, und so heißt heute, Zufall oder nicht, auch mein Lieblingshund: Balu, ein Riesentier, eine Mischung aus Ridgeback und dänischer Dogge, pechschwarz, mit Läufen wie ein Pferd, bärenstark, aber sehr schreckhaft und ungeheuer sanft. Er gehört den Nachbarn in unserem Brandenburger

*Großes Tier, kleiner Mensch, wunderbare Freundschaft. Illustration aus Rudyard Kiplings* Das zweite Dschungelbuch, *1895.*

Dorf, und wir unternehmen etwas zusammen, wann immer es sich ergibt. Ich nenne ihn ›mein Elefant‹. Wenn wir im Garten toben, lässt er mich darüber nachdenken, was große Tiere für kleine Kinder bedeuten. Bieten sie ihnen Schutz und eine besondere Wärme an, sind sie die Ausgewachsenen, mit denen sich Kinder besser verständigen als mit großen Menschen? Balus Freundin heißt Lina. Sie ist heute sieben Jahre alt. Schon mit zwei, und kaum, dass sie laufen konnte, ging sie mit Balu herum, gab ihm Anweisungen, wie es kleine Mädchen tun, und die beiden lagen gemeinsam in seinem Korb.

Das Wort unzertrennlich passt bei den beiden wirklich. Balu hat Linas nicht sehr schöne familiäre Situation gemildert. Der Hund Balu lebt für das kleine Mädchen. Es war eine Art Symbiose wie im Film zwischen dem Bären Balu und Mogli, dem im Dschungel aufgewachsenen Menschenjungen, für den die wilden Tiere sorgen.

Also habe ich mir *Das Dschungelbuch* noch einmal angesehen und mich bei einer meiner Lieblingsszenen von damals – über fünfzig Jahre ist es her – erschrocken. Es ist die Frühpatrouille der Elefanten. Lustig ist sie immer noch, aber nur, weil ich sie jetzt als Parodie auf soldatischen Drill betrachten kann, wobei ich mir nicht sicher bin, ob sie als solche gemeint ist. Rudyard Kipling war, man vergisst es leicht, ein Militarist und Rassist, und Walt Disney ein arger Reaktionär. Es ist aber schwer, sich der Magie zu entziehen, die in Kiplings Literatur steckt:

> *Große, wilde Bullen waren da mit lang hervorragenden Stoßzähnen und mit Schlingpflanzen und stacheligen Zweigen in den Hautfalten; fette Weibchen, unter deren Bäuchen kleine, drei oder vier Fuß hohe Kälber umhersprangen; junge Burschen, die sehr stolz auf ihre eben hervorbrechenden Stoßzähne zu sein schienen. Ältliche Jungfern kamen zum Tanz, mit schmalen, hohlen, vergrämten Gesichtern; Kampfbullen im Schmuck ihrer zahllosen Narben; zuletzt wechselte ein gewaltiger Einzelgänger in die Lichtung mit zersplittertem Stoßzahn und dem furchtbaren Riß der Tigerpranke auf altersgrauer Flanke. Dicht gedrängt standen sie oder wanderten in Gruppen auf und ab über die Lichtung; Einzelgänger hielten sich abseits und wiegten sich bedächtig hin und her – Elefanten, Elefanten und nochmals Elefanten.*

*Ein Elefant im Zimmer, Babars wundersame Verwandlung,* 1931.

Keiner hatte einen besseren Sound, nichts war spannender und ansprechend für viele Lebensalter, und diese populäre Kultur war noch alles andere als korrekt.

Bunt und lauthals paradieren Elefanten durch die Kinderbücherwelt. *Babar* kommt 1931 in Frankreich zur Welt, eine

*Erinnerungen an das Paradies. Afrikanischer Elefant aus dem Bestiarium von Aloys Zötl, 1886.*

Schöpfung des Malers Jean de Brunhoff. Die ursprüngliche Idee stammt von seine Frau Cécile, die den Kindern zur Unterhaltung Elefantenmärchen erzählte. *Die Geschichte von Babar, dem kleinen Elefanten,* der erste Band der sich schnell zu einem internationalen Erfolg auswachsenden Serie, beginnt mit einer Tragödie. Ein Wilderer erschießt Babars Mutter, als sie einen Ausflug machen. Babar entkommt in äußerster Not und flieht in die Stadt. Dort aber warten nicht andere Jäger, sondern eine noble Dame, die Babar Geld gibt. Er kleidet sich ein, geht zum

Fotografen, lernt Auto fahren und sich im Salon zu bewegen. Babar erledigt das volle großbürgerliche Programm im Handumdrehen, er ist die Attraktion. Die Menschen lauschen begeistert seinen Erzählungen aus der Wildnis. Als er eines Tages den Zoo besucht, trifft er dort seinen Cousin Arthur und seine Cousine Celeste, die er sogleich mit den Annehmlichkeiten des Bürgertums vertraut macht. Schließlich kehrt er mit ihnen zu den Elefanten zurück, die ihn zum König krönen. Er heiratet Celeste, und das Elefantenkönigspaar geht mit einem großen gelben Ballon auf Hochzeitsreise. Viele neue Abenteuer sollten folgen, rund um die neu gegründete Elefantenhauptstadt Celesteville, wo die Tiere nach dem Vorbild der Menschen leben. Bald kommt schon der Nachwuchs.

Eines Tages löste die *Babar*-Serie eine Diskussion aus: Sie verherrliche einen bourgeoisen Lebensstil und rechtfertige den Kolonialismus, sagten die Kritiker. Gewiss, der Zeitgeist und so weiter. Aus der Perspektive der bedrohten Wildtiere sieht es noch einmal anders aus. Babar rettet sich, indem er zum Menschen wird. Zu einem Menschentier mit Stoßzähnen und Rüssel. Papa Babar ist der Chef und Mama die gute Hausfrau, ungeachtet der Tatsache, dass bei den Elefanten das Matriarchat herrscht.

Bei *Dumbo* war es anders. Den Film habe ich lange Zeit nicht anschauen wollen, die Figur schien mir zu niedlich, zu kindlich. Aber auch das war ein Missverständnis. Die Story handelt von einem kleinen Zirkuselefanten. Er kommt mit Menschen in Kontakt wie der seiner Mutter beraubte Babar, hat aber zunächst keine Chance. Seine Ohren sind zu groß, er wird ein Mobbing-Opfer. Die anderen Tiere im Zirkus nennen ihn

»*Dum*-bo«, den dummen Jumbo. Als er einen Auftritt verpatzt, wird er von seiner Mutter getrennt, die Wärter sperren sie zur Strafe weg. Dumbo lernt auf die harte Tour, dass er zwar anders ist, aber nicht hässlich oder blöd, vielmehr besonders begabt. Denn er lernt fliegen, freundliche Krähen helfen ihm dabei. Das für den Kleinen schwer erträgliche Anderssein erweist sich als herausragende Qualität. Dumbo, der fliegende Elefant, beschert dem Zirkus eine Supernummer. Dumbo ist der neue Star. Ein Kriegskind: Walt Disney produziert den Film 1941 nach dem Buch *Dumbo, the Flying Elephant* von Helen Aberson und Harold Pearl. Der Film hat einige Besonderheiten. Er ist nur gut eine Stunde lang, und Dumbo spricht kein Wort, andere plappern dafür umso mehr, um ihn aus seiner Verzweiflung herauszuholen. Tiere schenken Geborgenheit, Tiere sind besser als Menschen. Sie sind die besseren Menschen: Das ist die Formel all dieser unvergesslichen Geschichten. Sie rühren das Herz und quälen den Verstand.

Dumbo bekommt ein fantastisches Happy End und stimmt doch traurig. Denn der Außenseiter muss sich auf besondere Art und Weise hervortun, um akzeptiert zu werden, ähnlich wie das Rentier Rudolph mit der roten Nase: erst schlimm gehänselt, dann Weihnachtsheld. Es ist auch zu schön. Der große kleine Dumbo ist so rein, so unschuldig, dass man es kaum aushielte, würde ihm nur ein Elefantenhaar gekrümmt. Seine Schwäche erweist sich als seine Stärke, aber seine überdimensionierten Ohren erinnern daran, dass die Größe der Elefanten nicht allein im Auge des Betrachters liegt, sondern unabweisbar in ihrer Natur. Elefanten geben eine große Zielfläche ab, ob für Moskitos oder Menschen. Um auf dem von Menschen beherrschten Planeten eine ordentliche Überlebenschance zu haben, müssten sie schrumpfen, zu Elefanten in der Größe eines Esels oder einer Maus, immerhin sind sie auch grau.

Ich beginne zu verstehen, warum ich den Elefanten so tief verbunden bin. Diese Liebe erscheint in jeder Hinsicht unwahrscheinlich, aber sie ist von Dauer. Wahre Liebe hat ein Elefantengedächtnis, so erfüllt sie sich. Es ist eine nachdenkliche, materielle Liebe, ein Seelenspiegel. Wer lebt und überlebt wie und mit wem? Wer drängt und verdrängt wen, wer folgt wem, wie sind die Ressourcen verteilt, die gemeinsamen und die einsamen Höhepunkte, die Aufmerksamkeit und die Kraft und die Zeit? In der Liebe steckt immer, bewusst oder nicht, ein Größenvergleich. Wer liebt wen mehr, oder liebt besser oder zuerst? Oder nicht mehr? Sollte ich die Elefanten für meine Leidenschaft benutzt haben, würde ich sie, so es denn möglich wäre, um Verzeihung bitten. An meiner Liebe zu den Tieren ändert es nichts. Ihre Nähe beruhigt mich, sie macht mich glücklich.

# Europäischer Waldelefant

## *Elephas antiquus* †

Straight-tusked elephant

*L'éléphant à défenses droites*

Im südlichen Sachsen-Anhalt liegt das Geiseltal. 300 Jahre lang wurde dort Braunkohle abgebaut. Es ist ein hervorragender Fundort für pleistozäne Säugetiere, aus einer Epoche der Erdgeschichte, die vor rund 12 000 Jahren endete. In einem Becken bei der Ortschaft Frankleben kamen 1985 zwanzig Skelette des Europäischen Waldelefanten ans Licht. Bei Verden an der Aller wurde 1948 ein Skelett des *Elephas antiquus* entdeckt, in dessen Brustkorb eine lange spitze Stange steckte, eine Jagdwaffe. Auch in England hat man ihn ausgegraben. Der Europäische Waldelefant war ein richtiger Europäer, überall auf dem Kontinent zu Hause, er liebte besonders den mediterranen Raum, bis ins westliche Asien hinein. Sein Rüssel, so wird vermutet, war länger als bei den heute noch lebenden Elefanten, und seine Stoßzähne weniger gebogen. Als Besonderheit gilt, dass die Bullen mit 4 Metern Rückenhöhe und bis zu zehn Tonnen Gewicht sich deutlich von den Kühen unterschieden, die halb so groß und schwer waren. Der Europäische Waldelefant, der vermutlich vor 30 000 Jahren zuletzt auf der Iberischen Halbinsel lebte, bevorzugte warmes Klima. In Nordeuropa war es während der waldreichen Warmzeiten – daher der Name dieses Elefanten – einige Grade wärmer als heute. Erst seit Kurzem ist die Verwandtschaft mit dem Afrikanischen Elefanten bewiesen. Bei DNA-Untersuchungen kam 2018 überdies heraus: Der Europäische Waldelefant unterhielt in früher Zeit auch Beziehungen mit dem Wollhaarmammut. Er ging fremd.

1 m

# Mammut
## *Mammuthus* †

Mammoth

*Mammouth*

Die Letzten seiner Art lebten noch vor 4000 Jahren am Arktischen Ozean und waren recht klein. Die Größten brachten es auf eine Höhe von bald fünf Metern und ein Gewicht von 12 bis 15 Tonnen: beinahe Sauriermaße bei diesen Elefantenvorgängern. Stammbaumgeschichten und Entwicklungslinien fußen fast immer auf geschätzten Werten, und neue Funde können das Zahlenwerk leicht wieder umstoßen. Mammuts haben sich vor mehr als 20 Millionen Jahren herausgebildet. Ihre Heimat war Afrika, von dort breiteten sie sich nach Europa, Asien und vor allem Nordamerika aus. Alexander von Humboldt beeindruckte den US-amerikanischen Präsidenten Thomas Jefferson, den er 1804 in Washington besuchte, mit dem Hinweis, er selbst habe in den Anden Mammutzähne gefunden. Mammuts waren nicht nur wollige Rüsseltierriesen mit gewaltigen, gebogenen Stoßzähnen. In Griechenland sind Knochen eines Zwergmammuts aufgetaucht, dessen Körpergewicht auf 300 Kilo geschätzt wird. Auch auf Sardinien fanden sich Spuren eines mit 800 Kilo recht kleinen Mammut-Vertreters. Das Wort ›Mammut‹ soll aus dem sibirischen Sprachraum stammen, in dem erste Funde gemacht worden sind. Forscher der Universität Jakutsk entdeckten 2013 auf den Ljachow-Inseln in der ostsibirischen See Überreste einer Mammutkuh. Der über Tausende von Jahren tiefgefrorene Kadaver enthielt Blutreste und Muskelgewebe. Der älteste Mammutfund, 4 oder 5 Millionen Jahre alt, stammt aus Äthiopien. Mammutdarstellungen gehören zu den frühsten Kunstwerken der Menschheit.

1 m

# Afrikanischer Waldelefant
## *Loxodonta africana cyclotis*

African forest elephant

*L'elephant de forêt d'Afrique*

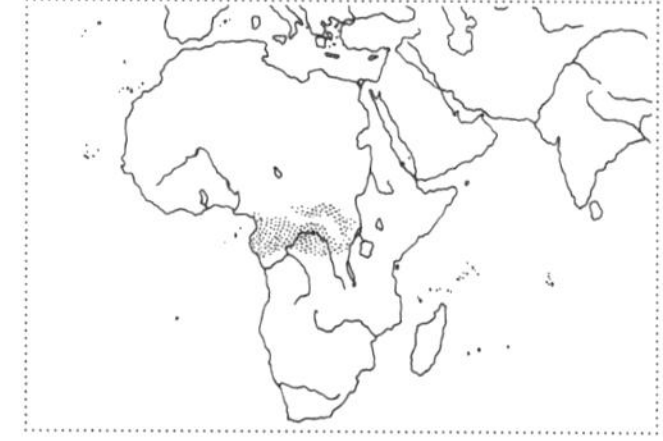

Ein Elefant ist ein Elefant ist ein Elefant ist ein Elefant ...? Nicht ganz. In Afrika leben zwei Arten: der Waldelefant (*Loxodonta africana cyclotis*) und der Savannenelefant (*Loxodonta africana*). Äußerlich sind sie schwer zu unterscheiden, zumal aus der Distanz. Der Waldelefant ist kleiner, seine Ohren haben eine abgerundete Form, seine Haut wirkt weniger faltig. Er hat an den Vorderfüßen fünf Zehen und an den Hinterfüßen vier, während sich der insgesamt massigere und größere Savannenelefant auf vier bzw. drei Zehenspitzen bewegt. Die Herden in der Savanne zählen mehr Tiere als die Familienverbände im Regenwald, was mit der Weite der Landschaft und den in der Savanne zahlreicheren Feinden zusammenhängt, Löwen vor allem. Der Afrikanische Waldelefant ist heute noch in Zentralafrika zu finden. Er streift durch Regenwälder und Sumpfgebiete, dort ist seine Nahrung vielfältiger als bei seinen Verwandten in der Savanne. Wenn von Afrikanischen Elefanten die Rede ist, dann geht es meist um die besser erforschte und leichter zu beobachtende Art, die in den Savannen lebt. Der Afrikanische Waldelefant ist seit der Kolonialzeit brutal aus seinem ursprünglichen Habitat, den dichten Regenwäldern, zurückgedrängt und dezimiert worden. Im NABU-Steckbrief steht: »Der Waldelefant ist vor allem durch die Abholzung der Regenwälder und durch die in den letzten Jahren sprunghaft angestiegene Wilderei für den illegalen Elfenbeinhandel gefährdet. Die Stoßzähne der Waldelefanten sind härter als die der Asiatischen und der Savannen-Elefanten und daher begehrter.«

1 m

# Afrikanischer Savannenelefant
## *Loxodonta africana*

African bush elephant

*Éléphant de savane d'Afrique*

Er ist der Größte im schrumpfenden Reich der Elefanten und das größte Landlebewesen der Erde. Ein Savannenelefantenbulle kann bis zu zehn Tonnen Gewicht erreichen, bei einer Schulterhöhe von maximal vier Metern. Männchen und Weibchen tragen Stoßzähne, was bei den asiatischen Verwandten anders ist. Dort haben nur die Bullen diese Waffen und Werkzeuge. Das Ohr der Savannenelefanten ist auffällig groß, die Form erinnert an die Umrisse des afrikanischen Kontinents. Ein weiteres Unterscheidungsmerkmal vom Asiatischen Elefanten ist der Aufbau des Rüssels: Der afrikanische Elefant hat zwei sogenannte Greiffinger an der Spitze seines Wunderstücks, der asiatische nur einen. Aber um die Majestät dieser Tiere zu beschreiben, bedarf es mehr als biologischer Details. Eine Elefantenherde ist eine Sinfonie. Ist es vorstellbar, dass die Elefanten früher ausgerottet als erforscht sein werden? Die Geschichte von ›Icy Mike‹ spiegelt das ganze Drama wider: Afrikanische Elefanten klettern nicht gern, es bekommt ihnen nicht in der Hitze, sie sind zu schwer und verbrauchen dabei zu viel Energie, sie können ihren Bedarf nur decken, indem sie den langen heißen Tag lang Nahrung zu sich nehmen. Doch einer ging hinauf zum Mount Kenya, er überlebte auf über 4 000 Meter Höhe. Unterwegs hat er wohl saftige Bäume und Sträucher gefunden. Möglicherweise, so vermuten Zoologen, habe er sich vor Wilderern in Sicherheit bringen wollen. 2006 wurde der Kadaver von ›Icy Mike‹ auf dem Berg gefunden, hoch oben in kalter, dünner Luft.

1 m

# Asiatischer Elefant
## *Elephas maximus*

Asian elephant
*Éléphant d'Asie*

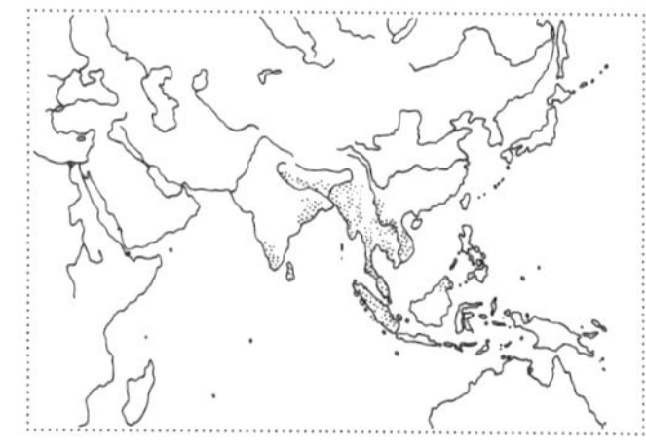

Vor über 7,5 Millionen Jahren haben sich die Wege vom Afrikanischen Elefanten getrennt. Von da an entwickelten sich die Verwandten so verschieden, dass Kreuzungen eigentlich nicht möglich sind. 1978 wurde im Zoo von Chester in England ein afrikanisch-asiatisches Elefantenbaby geboren, es starb zwei Wochen später. Genetisch steht der Asiatische Elefant dem Mammut näher. Thailand, Laos, Indien, Sri Lanka, Myanmar, Vietnam, die malaysische Halbinsel, Sumatra und Borneo sind sein Verbreitungsgebiet. Auf Borneo lebt die kleinste Unterart. Carl von Linné betitelte ihn 1758 *Elephas maximus* und erklärte ihn zum Archetyp, was zu Verwirrungen führte, da der Afrikanische Elefant nun einmal größer ist. Der Rücken des asiatischen Elefanten ist hochgewölbt, der des afrikanischen sattelförmig. Der Kopf des *Elephas maximus* weist Höcker auf, die der ferne Verwandte nicht hat. Am bedeutendsten jedoch sind die kulturellen Unterschiede. Der Asiatische Elefant nimmt in der Mythologie breiten Raum ein, er wird als Gottheit verehrt. Die Beziehung Mensch-Elefant ist in Asien viel enger als in Afrika. Die folgende Geschichte muss nicht wahr sein, aber dann wäre sie auf jeden Fall gut erfunden: Als Johnny Weissmüller in den 30er-Jahren die *Tarzan*-Filme drehte – nicht in Afrika, sondern in Florida –, waren seine Statisten keine afrikanischen, sondern asiatische Elefanten. Damit sie authentisch aussahen, hatte man ihre kleinen Ohren mit Gummiprothesen vergrößert. Deshalb konnte sich Tarzan – der Gummi wäre sonst abgefallen – nicht an den Elefantenohren hochziehen. Kleine Unterschiede, große Folgen.

1 m

# *Literatur-auswahl*

**Jean de Brunhoff:** ***Die Geschichte von Babar, dem kleinen Elefanten,*** übersetzt von Carolin Wiedemeyer, Köln 2016.

**Michael Daly:** ***Topsy. The Startling Story of the Crooked-Tailed Elephant, P. T. Barnum, and the American Wizard, Thomas Edison,*** New York 2013.

**Iain and Oira Douglas-Hamilton:** ***Among the Elephants,*** London 1975.

**Romain Gary:** ***Die Wurzeln des Himmels,*** übersetzt von Lilly von Sauter, Berlin / Darmstadt / Wien 1962.

**Karl Gröning:** ***Der Elefant in Natur und Kulturgeschichte,*** Köln 1989.

**Tarquin Hall:** ***Wo die Elefanten sterben,*** übersetzt von Thorsten Schmidt, München 2001.

**Rudyard Kipling:** ***Das Dschungelbuch,*** übersetzt von Gisbert Haefs, Zürich 1987.

**John M. Kistler:** ***War Elephants,*** Lincoln / London 2007.

**Michael A. Kukler:** ***Operation Barooom,*** North Carolina 1985.

**Komar and Melamid:** ***When Elephants Paint,*** New York 2000.

**Martin Meredith:** ***Der Afrikanische Elefant,*** übersetzt von Anni Pott, Kreuzlingen / München 2003.

**Stephan Oettermann:** ***Die Schaulust am Elefanten,*** Frankfurt am Main 1982.

**Joyce Poole:** ***Coming of Age with Elephants. A Memoir,*** New York 1966.

**David van Reybrouck:** ***Kongo,*** Berlin 2012.

**José Saramago:** ***Die Reise des Elefanten,*** übersetzt von Marianne Gareis, Hamburg 2010.

**Eric Scigliano:** ***Seeing the Elephant. The Ties that Bind Elephants and Humans,*** London 2002.

**Joachim Schliesinger:** ***Elephants in Thailand,*** Volume 3, Bangkok 2012.

**F. C. Sillar and R. M. Meyler:** ***Elephants. Ancient and modern,*** New York 1968.

**John Sutherland:** ***Jumbo. The Unauthorised Biography of a Victorian Sensation,*** London 2014.

**Dan Wylie:** ***Elefant,*** übersetzt von Anke Albrecht, Hildesheim 2011.

**Heathcote Williams:** ***Sacred Elephant,*** London 1989.

**Heinrich Zimmer:** ***Spiel um den Elefanten,*** Köln 1976.

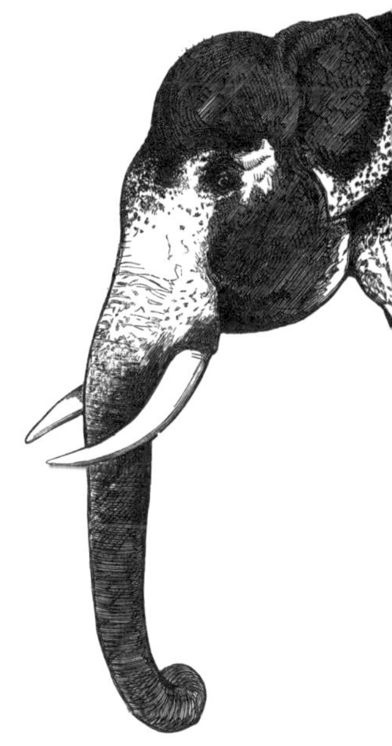

# *Abbildungsverzeichnis*

**Seite 82** *Haroun al-Raschids Geschenke.* Charlotte M. Yonge: Young Folks' History of Germany, 1878.
**Seite 85** *Der Elefant Hanno,* Künstler aus der Werkstatt Raffaels, 1516. © Foto: Kupferstichkabinett der Staatlichen Museen zu Berlin – Preußischer Kulturbesitz, Fotograf: Dietmar Katz.
**Seite 88** Zeichnung vom Hotel Elephant in Coney Island.
**Seite 91** *Zoologische Gärten, Regent Park,* 1835.
**Seite 93** *Jumbo.* Plakat.
**Seite 94** *Jumbos Reise zu den Hafenanlagen.* Illustrated London News, 1. April 1882.
**Seite 97** P. T. Barnum & Co. »Die größten Shows der Welt«, nach 1885.
**Seite 100** *Landschaft mit Elefanten jagenden Khoikhoi,* Jan Caspar Philips, 1727.
**Seite 102** *Romain Gary im Zoo von Rom,* 1961. Foto von Sam Shaw © Shaw Family Archives.
**Seiten 104/105** *Elefanten auf der Wanderung,* Friedrich Wilhelm Kuhnert (1865–1926).
**Seite 109** *Herzog Ernst von Sachsen-Coburg-Gotha bei der Elefantenjagd in Äthiopien,* Carl Trost, 1858.
**Seite 111** *Liegender Elefant mit hackendem Singalesen,* Jan Brandes, 1785.
**Seite 112** *Indigene mit Elfenbein-Stoßzähnen,* Dar Es Salaam, Tanganyika, Foto von Frank G. Carpenter, um 1900.
**Seite 116** Ringling Bros. »Die größten Shows der Welt«, 1899.
**Seite 120** *Zirkuselefanten,* Fotograf und Jahr unbekannt.
**Seite 123** *Gezähmter Elefant,* Wenceslaus Hollar, 1629.
**Seite 124** *Völkerschau Indien,* Carl Hagenbeck, Bildarchiv Hamburg.
**Seite 128** *Elefant,* Franz Marc, 1907.
**Seite 131** Illustration aus Rudyard Kipling: Das zweite Dschungelbuch, 1895.
**Seite 133** Illustration aus Jean de Brunhoff: Die Geschichte von Babar, dem kleinen Elefanten, 1931.
**Seite 134** *Der afrikanische Elefant,* Aloys Zötl: Bestiarium, 1886.
**Seiten 139–147** Illustrationen von Falk Nordmann, Berlin 2020.

*Rüdiger Schaper,* geboren 1959 in Worms, war Kulturkorrespondent der Süddeutschen Zeitung in Berlin. Seit 2005 leitet er das Feuilleton des Tagesspiegels. Er veröffentlichte eine Geschichte des Theaters und Biografien über Harald Juhnke, Alexander Moissi, Konstantin Simonides, Karl May und zuletzt Alexander von Humboldt. Er lebt mit seiner Familie in Berlin und Brandenburg.

NATURKUNDEN № 66
Erste Auflage Berlin 2020

**NATURKUNDEN**
herausgegeben von Judith Schalansky
erscheinen bei Matthes & Seitz Berlin
ermöglicht durch Jan Szlovak, Hamburg


MSB Matthes & Seitz Berlin Verlagsgesellschaft mbH
Göhrener Straße 7, 10437 Berlin
*info@matthes-seitz-berlin.de*
*info@naturkunden.de*


EINBAND UND TYPOGRAFIE Pauline Altmann, Berlin
nach einem Entwurf von Judith Schalansky
TITELILLUSTRATION Pauline Altmann, Berlin
SCHRIFT Ingeborg von Michael Hochleitner / Typejockeys
LITHOGRAFIE Tomas Mrazauskas, Berlin
HERSTELLUNG Hermann Zanier, Berlin
PAPIER 100 g/m² Fly 04 hochweiß, 1,2-faches Volumen
EINBANDMATERIAL Napura® Khepera von
Winter & Company GmbH, Lörrach
DRUCK UND BINDUNG Pustet, Regensburg

ISBN 978-3-7518-0201-7

*www.naturkunden.de*
*www.matthes-seitz-berlin.de*